Souverän als Chef

■ *Jürgen W. Goldfuß* ist Publizist, Unternehmensberater und selbstständiger Trainer für Führungskräfte (www.goldfuss.com). Er hält Seminare in Deutschland, Österreich und der Schweiz. Bei Campus erschienen von ihm bereits *Endlich Cef – was nun?* und *Erfolg durch professionelles Delegieren.*

Jürgen W. Goldfuß

Souverän als Chef

Schnelle Lösungen für brennende Führungsprobleme

Campus Verlag
Frankfurt/New York

Bibliografische Information der Deutschen Nationalbibliothek.
Die Deutsche Nationalbibliothek verzeichnet diese Publikation in der Deutschen Nationalbibliografie; detaillierte bibliografische Daten sind im Internet unter http://dnb.d-nb.de abrufbar.
ISBN 978-3-593-38810-6

2., aktualisierte und überarbeitete Auflage 2009

Umschlaggestaltung: R.M.E, Roland Eschlbeck und Rosemarie Kreuzer
Umschlagmotiv: © getty-images
Satz: Campus Verlag GmbH, Frankfurt am Main
Druck und Bindung: Druck Partner Rübelmann GmbH, Hemsbach
Gedruckt auf säurefreiem und chlorfrei gebleichtem Papier.
Printed in Germany

Besuchen Sie uns im Internet: www.campus.de

Inhalt

Geleitwort zur 2. Auflage

Vater werden ist nicht schwer, Vater sein dagegen sehr, sagte einst Wilhelm Busch. Mit dem Chef-Sein ist es ähnlich. Zwar ist schon Chef werden durchaus eine Herausforderung. Dann aber tagtäglich ein erfolgreicher, guter Vorgesetzter, Kollege und Mitarbeiter zu sein und immer wieder aufs Neue zwischen den jeweiligen verschiedenen Interessen und Motiven zu balancieren, ohne selbst abzustürzen – das ist eine Kunst. Vor allem, wenn Sie neu sind in einer Firma, wenn Sie selbst noch nicht so lange im Job sind oder wenn Sie nicht sicher sein können, wo in der Firma Freund oder Feind sitzen.

Dieses Buch will daher ein Coach sein und Ihnen helfen, selbst die Lösung zu finden. Es zeigt, an was Sie in welcher Situation alles denken und beim Abwägen der Fürs und Widers beachten sollten. Denn die Situationen wiederholen sich, nur sind jeweils andere Interessen und Besonderheiten zu berücksichtigen. Die wichtigste Lektion lautet dabei: Die zwischenmenschlichen Dinge, der Nasenfaktor, sind häufig entscheidender als streng sachliche Kriterien. Nur wollen sich die wenigsten im Berufsalltag eingestehen, dass sie und andere sich häufig doch von Soft Factors, vom Bauchgefühl oder ihrem Instinkt leiten lassen. Umso schwieriger wird das eigene Funktionieren, das Führen anderer und das Überleben im Job. Daher behandelt dieses Buch nicht nur Fragen zur eigenen Karriere, sondern auch Fragen der Mitarbeiterführung und des Projektmanagements. Sie bekommen einen Job angeboten, der riskant ist und den andere deshalb nicht erledigen wollen? Mit sieben entscheidenden Fragen, sieben Tipps zur Lage und einer kleinen Checkliste wird Ihnen rasch klar, ob – und wie – Sie lieber einem Himmelfahrtskommando aus dem Weg gehen sollten oder ob es sich doch um eine interessante Position mit Potenzial handelt. Das zu erkennen und auch viele andere typische Job-Situationen richtig einzuschätzen, dazu liefert das Buch wertvolle Entscheidungshilfen.

Dieses Buch hilft, wenn Sie als Führungskraft bereit sind, sich den Spiegel vorzuhalten – und mehr als das. Es eröffnet Blickwinkel und gibt Entscheidungskriterien an die Hand, damit Sie schnell und selbst zu einer Lösung kommen. Patentrezepte gibt es nicht.

Denn: Wir haben überall mit Menschen zu tun. Und Menschen reagieren eben individuell, zuweilen unvorhersehbar, haben ihre Ecken und Kanten und wollen als Menschen respektiert und mit ihren Motiven angenommen werden.

Und wer das verstanden hat, auf den trifft der Titel des Buches zu: Souverän als Chef.

Claudia Tödtmann
Management-Expertin beim Handelsblatt

Vorwort

Junge Führungskräfte haben es nicht leicht. Auf der einen Seite erwartet ihr direkter Vorgesetzter, dass der »Laden läuft«. Auf der anderen Seite wünschen sich die Mitarbeiter einen motivierenden Chef, der ihnen bei Fragen und Problemen zuverlässig weiterhelfen kann.

Die Routine der »alten Hasen« im Führungsgeschäft konnte sich aber in der kurzen Zeit noch nicht entwickeln. Und im Unternehmen fehlt meist der richtige Ansprechpartner, mit dem man sich austauschen und offen über »brisante« Themen sprechen könnte. Den eigenen Chef oder die Personalabteilung möchte man nicht unbedingt mit Problemen behelligen, von denen man glaubt, dass man sie ohnehin alleine lösen muss.

Da können dann schnell Zweifel über den »richtigen« Führungsstil aufkommen. Fragen tauchen auf:

- Wie sollte ich mich in einer bestimmten Situation verhalten?
- Welche Informationen muss ich mir beschaffen?
- Was muss ich alles bedenken?
- Wer könnte einem weiterhelfen?

Solche Kommentare von Seminarteilnehmern ließen den Gedanken reifen, einen »Trouble-Shooting-Guide« zu schreiben, kein komplexes Führungsbuch, sondern die »Checkliste für den Notfall«. Ein Buch für die Schublade, aus dem man sich Anregungen holt, wenn »der Fall der Fälle« eintritt, so wie ein Pilot bei unerwarteten Problemen Rat in seinen »Emergency-Instructions« sucht.

Ebenso wie schon der Bestseller *Endlich Chef – was nun?* aufgrund von Anregungen von Seminarbesuchern entstand, so haben Sie nun das erste kompakte »Nachschlagewerk« für nicht alltägliche Führungsfragen ebenfalls der Wissbegier von Führungskräften zu verdanken.

Einige der Tipps in diesem Buch sind wahrscheinlich nicht neu für Sie, denn Sie haben sich bestimmt auf Ihre Karriere als Führungskraft vorbereitet. Aber viele Informationen gehen im Alltag wieder unter. Und die meisten der aufgeführten Fragen und Probleme tauchen nicht täglich auf, sondern vielleicht erst nach ein oder zwei Jahren. Deshalb möchte dieses Buch Informationen und Denkanstöße für nicht alltägliche Probleme liefern, um für die jeweilige Situation passende Lösungen erarbeiten zu können.

Natürlich gibt es Unterschiede zwischen dem Tagesablauf in einer Behörde und einem Industriebetrieb, zwischen einem Krankenhaus und einem Supermarkt. Aber es gibt im Führungsgeschäft viel mehr Gemeinsamkeiten, als man vielleicht glaubt. Denn in jedem Unternehmen kommen Menschen zusammen, um in immer kürzerer Zeit immer mehr Aufgaben zu bewältigen. Und in jedem Unternehmen gibt es Menschen, die dafür bezahlt werden, etwas zu tun, und andere, die dafür bezahlt werden, dass etwas getan wird. Ebenso gibt es in jedem Unternehmen Menschen, die anderen Menschen Anweisungen erteilen, um ein gemeinsames Ziel zu erreichen. Insofern unterscheiden sich Aufgabenbereiche und Problemkreise von Führungskräften kaum. Denn führen heißt immer: Menschen dazu zu bringen, dass sie das, was man von ihnen erwartet, gerne tun.

Dieses Buch ist kein Rezeptbuch. Deshalb finden Sie hier auch keine Patentrezepte, denn die gibt es weder für das Führen einer Ehe noch für das Führen einer Abteilung. Aber ich helfe Ihnen bei der Zusammenstellung Ihrer eigenen »Rezeptmischung«, damit Sie in jeder Situation in der Lage sind, die richtigen Fragen zu stellen – die Voraussetzung für die richtigen Antworten. Das Buch liefert Ihnen Tipps und Hilfen, die Sie darin verstärken, auch neue Ansätze zu wagen.

Vergessen Sie die bekannten Killerphrasen »Das wird bei uns nie funktionieren« oder »Das habe ich alles schon probiert«, sondern machen Sie sich Gedanken, welche der Anregungen Sie mit Kreativität einsetzen und realisieren können. »Den Wald vor lauter Bäumen nicht sehen« – dieses Sprichwort zeigt, wie wichtig es manchmal ist, Abstand zu nehmen, den Blickwinkel zu ändern. Dazu will Ihnen dieses Buch verhelfen. Betrachten Sie die Checklisten als Anregungen, Ihre persönliche Checkliste zu dem Sie betreffenden Thema zu erstellen.

Ein Wort zum Gebrauch des Buches: Suchen Sie sich aus dem Inhaltsverzeichnis das Thema heraus, das Ihr Problem am ehesten beschreibt. Manchen Tipp werden Sie auch in einem anderen Kapitel wiederfinden. Der Vorteil für Sie: Sie müssen nicht das ganze Buch lesen, wenn Sie lediglich Tipps zu einer konkreten Situation suchen. Sie können natürlich auch das ganze Buch von Anfang bis Ende lesen, um zu wissen, was alles einmal auf Sie zukommen könnte.

Bei den aufgeführten Zitaten wurde auf die Quellenangabe verzichtet, da häufig dasselbe Zitat unterschiedlichen Quellen zugeordnet wird. Jeder »Erfinder« eines Zitats wird sich aber ohnehin freuen, wenn er mit seinen goldenen Worten anderen helfen konnte.

Übrigens: Bei einer Umfrage unter Personalchefs wurden als die größten Probleme einer neuen Führungskraft am häufigsten diese zwei Punkte genannt:

1. die fehlende Fähigkeit, gruppendynamische Prozesse zu erkennen und zu deuten sowie
2. die fehlende Fähigkeit, beschlossene Entscheidungen konsequent durchzusetzen.

Die fachliche Qualifikation sorgt offenbar kaum für Schwierigkeiten. Es sind die Fähigkeiten im zwischenmenschlichen Bereich, die der jungen Führungskraft Probleme bereiten.

Damit Sie als Führungskraft sich, Ihre Mitarbeiter und Ihr Unternehmen in eine erfolgreiche Zukunft führen, nutzen Sie dieses Buch. Lassen Sie auch mal Ihre Kollegen einen Blick hinein werfen.

Die Fragen in diesem Buch stammen aus dem Kreis von Seminarbesuchern. Wenn Sie weitere Anregungen, Fragen, eigene Tipps und Erfahrungen beitragen möchten, dann schicken Sie eine E-Mail an feedback@goldfuss.com.

Karriereplanung

1

Meine Arbeit macht mir nicht mehr so viel Freude wie früher

Glücklich, wer mit den Verhältnissen zu brechen versteht,
ehe sie ihn gebrochen haben.

Das Problem

Eigentlich haben Sie sich bisher ganz wohl gefühlt auf Ihrer Stelle. Seit einiger Zeit jedoch merken Sie, dass Ihnen die Arbeit nicht mehr so viel Spaß macht wie früher, dass Sie sich manchmal langweilen und nicht mehr richtig herausgefordert fühlen. Nicht, dass Sie zu wenig zu tun hätten, nein, über Arbeit können Sie sich nicht beklagen. Aber irgendwie reizt Sie das alles nicht mehr. Der Gedanke, Jahre so weiterarbeiten zu sollen, erschreckt Sie.

Fragen, die Sie sich stellen sollten

1. Seit wann spüren Sie die »Symptome«?
2. Was hat sich in Ihrem Bereich geändert?
3. Geht es Ihren Kollegen genauso?
4. Handelt es sich um ein vorübergehendes Tief oder glauben Sie, die Situation wird sich eher noch verschlechtern?

Tipps zu den Fragen

1. Versuchen Sie möglichst genau herauszufinden, seit wann Sie dieses Gefühl haben. Prüfen Sie auch, ob Ereignisse in Ihrem privaten Umfeld Einfluss auf die Situation haben könnten.

2. Analysieren Sie Änderungen im Betriebsablauf, in der Verantwortung, auf der Chefetage, im Mitarbeiterkreis, in der Firmenpolitik – kurz gesagt überall dort, wo sich Gründe für Ihre derzeitige Situation finden könnten.
3. Wichtig ist es in solchen Situationen auch zu wissen, ob man alleine einen gewissen Standpunkt einnimmt oder ob andere das Thema genauso sehen. Es gibt Situationen, in denen man nicht unbedingt objektiv und neutral urteilt. Dann ist die Betrachtung aus einem anderen Blickwinkel heraus sehr hilfreich.
4. Nach Prüfung dieser Frage stellen Sie vielleicht fest, dass Sie aus Ihrer derzeitigen Verantwortung herausgewachsen sind, dass Ihre aktuelle Tätigkeit tatsächlich keine Herausforderung mehr darstellt, weil Sie besser, schneller, schlauer und effektiver geworden sind. Es ist wichtig für Ihre weitere Karriere, dass Sie diesen Punkt ganz klar erkennen, bevor Sie resignieren und »schlechter« werden. Vorwärts kommen heißt, das zurückzulassen, was einen nicht mehr interessiert.

Zusammenfassung

Ziehen Sie Bilanz. Notieren Sie – am besten auf einer Zeitachse – die Punkte, in denen Sie in den vergangenen Jahren besser geworden sind. Erkennen Sie Schwerpunkte in Ihrer Entwicklung und konzentrieren Sie sich auf den weiteren Ausbau dieser Punkte, egal ob in Ihrem jetzigen Unternehmen oder an anderer Stelle.

Meine persönliche Weiterentwicklung

ZEITRAUM	19xx /	20xy –	20yy – –	20zz +	201x ++
Fähigkeit 1 (z. B. Projekte organisieren)					
Fähigkeit 2 (z. B. vor einer größeren Gruppe reden)					
Fähigkeit 3 (z. B. Konflikte lösen)					

ZEITRAUM	19xx /	20xy –	20yy – –	20zz +	201x ++
Fähigkeit 4 (z. B. Mitarbeiter motivieren)					
Fähigkeit 5 (z. B. Konzeptionen erarbeiten)					

LEGENDE:	++	sehr stark ausgeprägt
	+	ausreichend vorhanden
	–	schlecht entwickelt
	– –	sehr schlecht entwickelt
	/	nicht vorhanden

☑ Checkliste

- ☐ Welche Punkte interessieren mich immer weniger?
- ☐ Warum?
- ☐ Auf welche Punkte will ich mich mehr konzentrieren?
- ☐ Warum?
- ☐ Welche Schwerpunkte werde ich setzen?

Nächster Kontrolltermin: ....

2

Ich fürchte, ich bin in der falschen Branche

Wenn du feststellst, du reitest ein totes Pferd, dann steige sofort ab.

Das Problem

Als Sie Ihren neuen Job antraten, waren Sie noch ganz sicher, sich richtig entschieden zu haben. Während Ihrer gesamten Ausbildungsphase haben Sie sich auf dieses Aufgabengebiet in dieser Branche vorbereitet. Voller Euphorie und Optimismus haben Sie Ihren Job angetreten – vor noch gar nicht allzu langer Zeit. Nun aber sind Sie eher verunsichert. Sie lesen Hiobsbotschaften in der Zeitung über Ihre Branche. Bei Vergleichen mit Kollegen aus anderen Bereichen des Wirtschaftslebens haben Sie manchmal das Gefühl, nicht in einer zukunftsorientierten Branche beschäftigt zu sein. Die Frage, wo Sie in fünf Jahren Ihr Geld verdienen werden, beschäftigt Sie immer öfter. Nichts ist schlimmer als dumpfe, beunruhigende Ängste. Werden Sie deshalb offensiv, verschaffen Sie sich Klarheit.

Fragen, die Sie sich stellen sollten

1. Wie hat sich das Unternehmen in den vergangenen Jahren entwickelt?
2. Wie hat sich die Branche in den zurückliegenden Jahren entwickelt?
3. Wie beurteilt das Management die derzeitige Situation?
4. Könnten Sie Ihre Fähigkeiten woanders besser zum Einsatz bringen?
5. Welche Entwicklungen könnten die Situation ändern?

Tipps zu den Fragen

1. Schauen Sie sich genau die Daten Ihres Unternehmens an: Wie haben sich Geschäftsfelder, Umsatzzahlen, Personalsituation, Gewinn- und Zukunftschancen entwickelt?
2. Ermitteln Sie diese Daten für die ganze Branche. Die Informationen können Sie sich zum Beispiel aus Fachzeitungen, Branchenreports der Geldinstitute, Berufsverbänden, von statistischen Ämtern und aus dem Internet holen.
3. Beurteilt das derzeitige Management die momentane Situation realistisch oder hängt man möglicherweise Wunschträumen nach? Analysieren Sie die Aussagen und prüfen Sie, ob Sie zu denselben Schlussfolgerungen kommen.
4. Warum nutzen Sie nicht Ihre derzeitigen Zweifel, um sich Gedanken über eine neue Positionierung zu machen? Wenn absehbar ist, dass Ihre Zukunft nicht im derzeitigen Unternehmen oder in der derzeitigen Branche liegt, dann ist es besser, jetzt zu wechseln, zu einem Zeitpunkt, an dem der Arbeitsmarkt noch nicht von Ihren Kollegen mit bearbeitet wird.
5. Prüfen Sie auch, ob es in Ihrem Unternehmen in Zukunft Entwicklungen geben könnte, die die Situation verbessern. Wenn Sie sich heute noch nicht für eine Änderung entscheiden, dann behalten Sie zumindest diese Entwicklungen im Auge.

Zusammenfassung

Es gab und es wird immer Geschäftszweige und Branchen geben, deren Ende näher ist, als die Beteiligten wahrhaben wollen. Lesen Sie ab und zu Berichte über Trends im Wirtschaftsleben und legen Sie Ihre berufsbedingten Scheuklappen ab. Tauschen Sie sich auch mit Kollegen aus Wettbewerbsfirmen aus, um zu prüfen, ob Ihre Vermutungen einer kritischen Betrachtung standhalten.

☑ Checkliste

- ☐ Welche Entwicklungen sprechen für die Zukunft meines Unternehmens beziehungsweise der Branche?
- ☐ Welche sprechen dagegen?
- ☐ Welche Alternativen/Entwicklungen sind absehbar?
- ☐ Wo könnte ich meine Fähigkeiten sinnvoll einbringen, wo könnte ich mein Know-how und meine Erfahrungen optimal verkaufen?

3

Mein Chef bietet mir eine spannende, aber riskante Aufgabe an

Der Gedanke an Hindernisse belastet uns mehr
als die Hindernisse selbst.

Das Problem

In Ihrem Unternehmen wurde kürzlich umorganisiert. Im Rahmen dieser Umorganisation wurden einige Stühle verrückt. Einige Stühle fielen ganz weg, darunter auch Ihrer. Ihr Chef bietet Ihnen nun eine neue Stelle an. Aus »gut unterrichteten Kreisen« haben Sie allerdings erfahren, dass wohl niemand sich bisher bereit erklärt hat, diese Stelle zu übernehmen. Sie haben den Verdacht: Das ist ein Job, den keiner will. Was tun?

Fragen, die Sie sich stellen sollten

1. Warum bietet man gerade Ihnen diesen Job an?
2. Was sind die Vorteile und die Nachteile der angebotenen Stelle?
3. Wurde die Stelle neu geschaffen oder wird sie nur neu besetzt?
4. Was passiert, wenn Sie die Stelle ablehnen?
5. Wie passt diese neue Stelle in Ihre Karriereplanung?
6. Welche persönlichen Chancen sehen Sie in dieser neuen Stelle?
7. Wer wird Ihr neuer Chef, und welche Mitarbeiter werden Ihnen zugeordnet?

Tipps zu den Fragen

1. Sprechen Sie diese Frage ganz offen und ehrlich mit der Personalabteilung an. Stellen Sie fest, ob man Ihnen diesen Job nur anbietet, um Sie

nicht zu verlieren (oder um die Abfindungssumme zu sparen) oder ob man sich von Ihnen in dieser neuen Stelle positive Änderungen für das Unternehmen verspricht.

2. Nachdem Sie sich alle Informationen über die Stelle beschafft haben, werden Sie kreativ. Listen Sie alle bekannten sowie alle eventuell denkbaren Vor- und Nachteile der angebotenen Stelle auf. Entwickeln Sie ein eigenes Szenario, wie Sie die Stelle in Ihrem Sinne verändern und verbessern werden.
3. Wenn die Stelle neu geschaffen wurde, dann haben Sie noch alle Gestaltungsmöglichkeiten, um aus ihr eine interessante Position zu gestalten. Existierte die Stelle bereits, dann holen Sie sich alle verfügbaren Informationen über die Vergangenheit des Jobs. Machen Sie auch hier eine Auflistung mit den Vor- und Nachteilen der neuen Aufgabe. Fragen Sie auch Ihren Vorgänger, soweit dieser noch verfügbar ist, nach möglichen Besonderheiten.
4. Spielen Sie auch einmal durch, was passieren würde, wenn Sie die Stelle ablehnen. Welche Konsequenzen hätte das? Verschaffen Sie sich Klarheit, ob Sie mit den Folgen leben könnten.
5. Auch wenn Sie nicht starr und verbissen Ihre Karriereplanung verfolgen, überlegen Sie, inwieweit die angebotene Stelle in Ihre künftige Entwicklung hineinpasst. Sehen Sie keine Probleme, dann nehmen Sie an. Passt die Position überhaupt nicht in Ihre Planung, dann suchen Sie sich eine andere Aufgabe.
6. Wenn Sie Ihre Gegenüberstellung der Vor- und Nachteile vorliegen haben, dann betrachten Sie gezielt alle Vorteile und überlegen Sie, wie Sie diese nutzen und Ihnen sowie dem Unternehmen auf dem Weg nach vorne helfen können.
7. Bevor Sie einwilligen, die neue Stelle anzutreten, prüfen Sie, wer »von oben« und »von unten« auf Sie einwirken wird. Können Sie Ihren neuen Chef akzeptieren? Glauben Sie, dass Sie mit den zugeordneten Mitarbeitern die derzeitigen und künftigen Aufgaben erfüllen können? Machen Sie gemeinsam mit Ihrem Chef in spe eine detaillierte Ressourcenplanung. Versuchen Sie, gerade in dieser Situation, mehr Sicherheitsfaktoren als vielleicht üblich einzubauen.

Zusammenfassung

Häufig wurden schon aus vermeintlich uninteressanten Stellen dank der Kreativität des Stelleninhabers interessante und entwicklungsfähige Positionen geschaffen. Wenn man Sie in ein neues Aufgabengebiet hinein befördert, dann nutzen Sie all Ihre Kreativität und Ihren Ehrgeiz, um das Beste daraus zu machen. Wenn Sie annehmen, seien Sie überzeugt davon, Ihre eigene »Spielwiese« zu gestalten.

☑ Checkliste

- ☐ Was sind die negativen Punkte an dieser Stelle?
- ☐ Wo sehe ich positive Ansätze in diesem Aufgabengebiet?
- ☐ Wie kann ich die negativen Punkte reduzieren, vermeiden oder umgehen?
- ☐ Wen muss ich noch einschalten, um aus dieser Stelle eine Erfolgsposition zu machen?

Literatur

- Sprenger, Reinhard K.: *Die Entscheidung liegt bei dir! Wege aus der alltäglichen Unzufriedenheit.* Frankfurt/New York, 2004. Campus.

4

Ich wurde bei einer Beförderung übergangen

Bescheidenheit ist eine Eigenschaft, für die man Sie bewundern wird – falls man jemals von Ihnen hört.

Das Problem

Sie hatten so fest damit gerechnet, und alle Ihre Kollegen waren der Meinung, dass Sie es werden. Aber dann kam es anders, die Beförderung ging an Ihnen vorbei. Eine verständliche Reaktion, dass Sie jetzt enttäuscht sind. Bevor Sie jetzt jedoch aus verletzter Eitelkeit heraus sofort mit der Suche nach einer neuen Stelle beginnen, sollten Sie sich einige Gedanken machen.

Fragen, die Sie sich stellen sollten

1. Haben Sie Ihren Wunsch nach einer Beförderung klar und eindeutig kommuniziert?
2. Ist Ihnen das Anforderungsprofil der neuen Stelle bekannt?
3. Hätten Sie die Anforderungen erfüllen können?
4. Was waren die Gründe für die Einsetzung der anderen Person?
5. Wären Sie wirklich die Idealbesetzung für die Stelle gewesen?
6. Welche Alternativen ergeben sich jetzt für Sie?

Tipps zu den Fragen

1. Häufig gehen Menschen davon aus, dass ihr Umfeld Gedanken lesen kann. Wenn Sie innerhalb des Unternehmens an der richtigen Stelle

nicht klar und eindeutig geäußert haben, dass Sie an dieser Position großes Interesse haben, dann dürfen Sie sich nicht wundern, wenn Sie jetzt übergangen wurden. Sie waren zu bescheiden.

2. Wenn Ihnen nicht ganz klar ist, was in der neuen Stelle gefordert wird, dann werden Sie immer der Meinung sein, die richtige Person für die Aufgabe gewesen zu sein.
3. Wenn Ihnen das Anforderungsprofil vorliegt, dann sollten Sie ganz selbstkritisch prüfen, ob Sie wirklich alle Punkte hätten erfüllen können. Bei der Selbstanalyse fällt Ihnen vielleicht das eine oder andere auf, an dem Sie in Zukunft noch ein wenig arbeiten müssen.
4. An dieser Stelle sollten Sie sich vor Mutmaßungen hüten. Gerade bei Personalentscheidungen entstehen oft die wildesten Gerüchte, die jeder Grundlage entbehren. Fragen Sie die verantwortliche Person offen und ehrlich, was die Gründe für die Bevorzugung eines Wettbewerbers waren. Akzeptieren Sie diese Gründe, machen Sie sich Gedanken über eine bessere Vermarktbarkeit Ihrer Person in Zukunft.
5. Nach Beantwortung der Fragen 1 bis 4 sollten Sie jetzt prüfen, ob Sie die Situation noch genau so sehen wie vorher. Vielleicht haben Sie jetzt selbst Zweifel, ob Sie die Idealbesetzung für die Rolle abgegeben hätten.
6. Hüten Sie sich nun davor, Rachegelüste austoben zu wollen. Man kann nicht immer gewinnen im Leben, und eine zweite Chance kommt oft schneller, als man glaubt. Arbeiten sie mit dem »Neuen« kooperativ und partnerschaftlich zusammen. Jede andere Vorgehensweise wäre kontraproduktiv. Können Sie allerdings aus vermeintlichen Gründen der Selbstachtung morgens nicht mehr mit gutem Gewissen zur Arbeit gehen, dann sollten Sie möglichst schnell einen Wechsel vornehmen. Ihr verletztes Ego nehmen Sie allerdings in die neue Position mit.

Zusammenfassung

Nehmen Sie eine solche Situation zum Anlass, eine kritische Selbstbetrachtung vorzunehmen. Stellen Sie fest, welches Quäntchen Knowhow, Führungsfähigkeit oder was immer Ihnen noch fehlte. Arbeiten Sie daran, diese Lücken zu füllen.

☑ Checkliste

Persönliche Stärken und Schwächen:

- ☐ Ich bin energiegeladen und kann andere begeistern.
- ☐ Ich kann Situationen gut beurteilen, mein Urteil stellt sich meist als richtig heraus.
- ☐ Andere Menschen akzeptieren mich als Führer und folgen mir freiwillig.
- ☐ In Teams fühle ich mich wohl.
- ☐ Ich spüre, dass ich noch ganz andere Aufgaben lösen könnte.
- ☐ Ich kenne meine Grenzen und weiß, wo ich mich noch verbessern will.
- ☐ Ich komme mit anderen gut aus, auch wenn wir auf verschiedenen »Wellenlängen« liegen.
- ☐ Ich kann mich gut konzentrieren und lasse mich nicht ablenken.
- ☐ Ich bin und fühle mich körperlich topfit.
- ☐ Ich kann mich und andere gut organisieren.
- ☐ Ich besitze einen natürlichen Kampfgeist.
- ☐ Ich kann mich und meine Umwelt auch aus einem anderen Blickwinkel betrachten, ich kann Abstand nehmen von Problemen.

5

Ich bin mir nicht sicher, ob ich die Firmenpolitik noch mittragen kann – sollte ich gehen?

Ein Geheimnis des Erfolgs ist,
den Standpunkt der anderen zu verstehen.

Das Problem

In letzter Zeit fragen Sie sich häufiger, ob Sie die derzeitige Firmenpolitik noch gutheißen können. Sei es, weil sich das Unternehmen in Geschäftsfeldern bewegt, die Sie für moralisch bedenklich halten, sei es, weil Ihnen die Geschäftspolitik als zu gewinnorientiert erscheint, sei es, weil Ihnen der Auftritt des Unternehmens im Markt vielleicht zu unseriös vorkommt. Aktuelle Beispiele für Anlässe zum Zweifeln könnten sein: Produkte und Dienstleistungen im Bereich Rüstung, Gentechnik oder Biotechnik.

Fragen, die Sie sich stellen sollten

1. Sind Sie der Einzige, der diese Bedenken äußert?
2. Was sind Ihre genauen Befürchtungen?
3. Welche Auswirkungen haben Ihre Bedenken auf Ihre tägliche Arbeit?
4. Welche Auswirkungen haben Ihre Bedenken auf Ihr Privatleben?
5. Wie äußert sich das Topmanagement zu solchen Bedenken?
6. In welche Konflikte könnten Sie geraten?

Tipps zu den Fragen

1. Wenn keiner Ihrer Kollegen Ihre Bedenken teilt, dann sollten Sie sich fragen, ob Ihre Befürchtungen tatsächlich berechtigt sind oder ob Sie die Messlatte nicht vielleicht an der falschen Stelle anlegen. Wenn Sie Gleichgesinnte in der Beurteilung der Situation finden, dann ist es hilfreich, in einer offenen Diskussion die Punkte anzusprechen. Reden Sie auch mit Ihrem Vorgesetzten über Ihre Bedenken.

2. Notieren Sie Ihre Befürchtungen auf einem Blatt Papier einmal aus Ihrer Sicht und einmal aus der möglichen Sicht des Unternehmens. Die Beurteilung von zwei verschiedenen Standpunkten aus zwingt dazu, auch andere Sichtweisen in Betracht zu ziehen.

3. Machen Sie sich die Auswirkungen auf Ihre tägliche Arbeit klar. Werden Sie durch Ihre Befürchtungen demotiviert? Leidet Ihre Leistungsbereitschaft oder gar die Qualität Ihrer Arbeit unter Ihren Befürchtungen? Oder noch schlimmer: Leidet die Leistung Ihrer Mitarbeiter darunter? Vorsicht! Dann sind Sie in der Gefahr, sich zu isolieren.

4. Die Bedenken, die Sie am Arbeitsplatz haben, nehmen Sie auch mit in Ihr Privatleben hinüber. Leidet Ihre Stimmung zu Hause darunter? Sprechen Sie das Thema auch in Ihrem engeren Bekanntenkreis an. Sind Sie der Einzige, der die Situation in diesem Licht sieht?

5. Versuchen Sie auch den Standpunkt der Geschäftsleitung zu verstehen. Wägen Sie die unterschiedlichen Argumente gegeneinander ab. Welche Auswirkungen auf das Unternehmen und die Arbeitsplätze könnten sich aus einer anderen Firmenpolitik ergeben?

6. Wenn es sich »nur« um eine Frage Ihres persönlichen Standards, Ihrer persönlichen Beurteilung handelt, dann versuchen Sie, einen neuen Blickwinkel einzunehmen. Wenn Sie aber mit der derzeitigen Konstellation nicht leben können, dann ziehen Sie die Konsequenz aus der Situation: Dann bleibt nur der Wechsel in ein neues Aufgabengebiet. Noch etwas schwieriger wird die Entscheidung, wenn Sie durch die Firmenpolitik zu Handlungen veranlasst werden, die strafrechtlich relevant sind. Ein Beispiel dazu: Verstoß gegen Embargobestimmungen. Da Sie im

Zweifelsfall immer für Ihre eigenen Handlungen haftbar sind, ist die Konsultierung und Einschaltung eines juristischen Beraters in solchen Fällen ebenso wie die Dokumentation aller Vorgänge dringend angeraten.

Zusammenfassung

Versuchen Sie das Thema aus verschiedenen Blickwinkeln zu beleuchten. Prüfen Sie kritisch Ihre eigene Messlatte. Entscheiden Sie konsequent nach Abwägung aller Vor- und Nachteile. Treffen Sie rechtzeitig die Entscheidungen, die Sie zu einem späteren Zeitpunkt ohnehin treffen würden.

☑ Checkliste

- ☐ Was genau sind Ihre Bedenken?
- ☐ Welchen Einfluss könnte die Unternehmenspolitik auf Ihre eigene Entwicklung haben?
- ☐ Welche Beweise haben Sie für Ihre Befürchtungen?
- ☐ Welche Chancen könnten sich für Sie aus der Firmenpolitik ergeben?

Kommunikation

6

Ich muss eine schlechte Nachricht verkaufen

Wer auf drei Seiten mitteilt,
was er auf einer Seite hätte sagen können,
der betrügt auch
bei anderen Gelegenheiten.

Das Problem

Sie müssen eine schlechte Nachricht verkaufen – eine undankbare Aufgabe. Vielleicht geht es um Personalabbau, die Schließung einer Abteilung, die Verkündigung längerer Arbeitszeiten, eine Gehaltskürzung, die Verschiebung von Urlaubsterminen – was immer der Anlass ist, es handelt sich um eine Situation, die Sie nicht unbedingt jeden Tag erleben möchten. Als Führungskraft müssen Sie führen – auch durch weniger angenehme Phasen des Alltags.

Fragen, die Sie sich stellen sollten

1. Haben Sie alle Fakten zum Thema vorliegen?
2. Sind Sie sich über die Konsequenzen für die Beteiligten im Klaren?
3. Kennen Sie die Befürchtungen Ihrer Zuhörer?
4. Haben Sie die Pro- und Kontra-Argumente gegenübergestellt?
5. Sind Sie auf Zwischenfragen, Einwände und Vorwürfe vorbereitet?
6. Haben Sie ein ungutes Gefühl oder gar ein schlechtes Gewissen in dieser Situation?

Tipps zu den Fragen

1. Beschaffen Sie sich so viel Information (und Hintergrundinformation) wie möglich zum Thema. Dadurch vermeiden Sie, zum »Sprachrohr« einer übergeordneten Stelle zu werden.

2. Machen Sie sich realistische Gedanken über die Folgen für Ihr Publikum. Versuchen Sie eine Situation nicht schönzureden, bleiben Sie immer bei der Wahrheit. Sprechen Sie die eventuellen Konsequenzen für die Beteiligten offen an. Damit gewinnen Sie Glaubwürdigkeit.

3. Versetzen Sie sich in die Lage Ihrer Zuhörer. Beurteilen Sie deren Situation nicht nur aus Ihrem Blickwinkel, sondern auch aus dem Ihres Publikums. Erkennen Sie auch die negativen Gefühle und Ängste der anderen an.

4. Nehmen Sie sich die Zeit, vorher in Form einer Gegenüberstellung die Plus- und die Minus-Punkte zu notieren, die Pro- und Kontra-Argumente, die es für jede Situation gibt. Das macht es leichter, auch die positiven Aspekte noch glaubwürdiger zu übermitteln. Übermitteln Sie die Botschaft eindeutig, nachvollziehbar für die Empfänger. Vermeiden Sie zwiespältige Botschaften wie zum Beispiel die Ankündigung von Kurzarbeit und das gleichzeitige Verkünden von neuen Aufträgen. Oder die Schließung einer Filiale und gleichzeitig die Planung für ein neues Hauptquartier.

5. Spielen Sie vorher gemeinsam mit einem Sparringspartner die Bekanntgabe der schlechten Nachricht einmal durch. Sie fühlen sich dann wesentlich sicherer, wenn Sie vor Ihr Publikum treten. Erzählen Sie keine langen Geschichten, reden Sie nicht um das Thema herum, kommen Sie auf den Punkt – und beantworten Sie anschließend alle Fragen des Publikums.

6. Warum sollten Sie ein schlechtes Gewissen haben, wenn Sie Informationen liefern? Legen Sie sich die professionelle Gelassenheit eines Nachrichtensprechers zu. Übermitteln Sie die Fakten, die zur Zeit nicht änderbar sind. Setzen Sie – dosiert – Humor als Begleitschutz ein.

Zusammenfassung

Wichtig ist, dass Sie die Nachricht vor der Entstehung von Gerüchten verkaufen. Zeigen Sie, dass Sie mit Selbstbewusstsein und ohne Angstgefühle die Aufgabe erfüllen. Denn Sie wissen: Die Zeiten, in denen man den Überbringer einer schlechten Nachricht hinrichtete, sind endgültig vorbei.

☑ Checkliste

- ☐ Was sind die Fakten?
- ☐ Mit welchen Bedenken Ihres Publikums müssen Sie rechnen?
- ☐ Welche Auswirkungen könnte die Information für die Betroffenen haben?
- ☐ Welche Änderungen ergeben sich möglicherweise daraus?
- ☐ Wie sieht der Zeitplan aus?
- ☐ Wann können Sie weitere Informationen liefern?

Literatur

- Tierney, Elizabeth: *30 Minuten für erfolgreiche Kommunikation.* Offenbach, 1998. Gabal-Verlag.

7

Mir fallen die richtigen Antworten oft erst hinterher ein

Schlagfertig sein heißt, immer zum Schlag fertig sein.

Das Problem

Es passiert Ihnen häufiger bei Diskussionen, vor allem wenn Sie unfair und unsachlich angegriffen werden, dass Ihnen die passenden Worte fehlen. Hinterher, meist wenn das Thema bereits verlassen wurde, fällt Ihnen ein, was Sie hätten sagen können. Dann ist es jedoch zu spät. Und Sie ärgern sich darüber, dass Ihnen nicht schnell genug die passenden Worte in den Sinn kamen. Wie können Sie Ihre Schlagfertigkeit trainieren? Möchten Sie überhaupt schlagfertig sein?

Fragen, die Sie sich stellen sollten

1. Finden Sie es unter Ihrem Niveau, auf unberechtigte und unqualifizierte Vorwürfe einzugehen?
2. Lehnen Sie es ab, unüberlegt zu reagieren?
3. Machen Ihnen Wortspielereien Spaß?
4. Wer kann Ihnen helfen, schlagfertig zu werden?

Tipps zu den Fragen

1. Vielleicht lehnen Sie auf Grund Ihrer Ausbildung oder Ihrer Mentalität einen verbalen Schlagabtausch prinzipiell ab. Solange diese Eigenschaft

von Ihrer Umwelt nicht als fehlende Schlagfertigkeit oder gar Unbeholfenheit gewertet wird, haben Sie kein Problem. Entsteht jedoch der Eindruck, dass Sie sich »nicht wehren können«, dann wird man sehr schnell Mitleid mit Ihnen haben. Ein Vorgesetzter, mit dem man Mitleid hat, ist eine traurige Figur.

2. Unter Umständen entsteht dann der Eindruck der Hilflosigkeit. Selbst wenn Sie nicht unüberlegt antworten möchten, so hilft Ihnen Schlagfertigkeit aus der Situation. Mit einem Satz wie »Ich bin kein Cowboy, deshalb schieße ich nicht aus der Hüfte« signalisieren Sie Ihrem Gegenüber zumindest, dass Sie nicht sprachlos sind. Schlagfertigkeit heißt aber nicht, dass Sie sofort mit einer ernst zu nehmenden Antwort reagieren müssen, sondern dass Sie unmittelbar auf Ihren Gesprächspartner reagieren, ohne dies unbedingt in seinem Sinne zu tun.
3. Wortspielereien können eine interessante intellektuelle Herausforderung sein, wenn einem dieses Spiel Spaß macht. Versuchen Sie es einmal mit einem Sparringspartner, indem Sie sich gegenseitig Worte zurufen, die vom Gegenüber ergänzt werden müssen. Bereiten Sie sich somit spielerisch auf den »Ernstfall« vor.
4. Außer dem Besuch von Rhetorikseminaren gibt es auch einfache »Hausmittel«, die Ihnen weiterhelfen. Notieren Sie sich einfach auf kleinen Karteikarten Vorwürfe und Anschuldigungen, die Sie bereits einmal hörten. Überlegen Sie sich dann in Ruhe passende Antworten zu den Vorwürfen, möglichst mit ein wenig Humor gewürzt. In der Regel werden es relativ wenig unterschiedliche Vorwürfe sein, denen Sie begegnen. Lernen Sie die Antworten auswendig, üben Sie ein paar Mal im Kollegenkreis oder im Bekanntenkreis, und Sie werden feststellen, wie schnell Sie die nötige Sicherheit im Kontern erlangen.

Zusammenfassung

In der heutigen Medien- und Spaßgesellschaft gehört es zwar zum guten Ton, »gut drauf zu sein« und bei Bedarf immer einen lockeren Spruch auf den Lippen zu haben. Das heißt aber nicht, dass Sie wie ein professioneller Showmaster immer sofort »zurückschlagen« müssen.

Ganz im Gegenteil: Nichts wirkt souveräner als das gelassene Nichtreagieren auf unsachliche oder boshafte Angriffe, das »Ins-Leere-laufen-lassen« des Gegenübers. Wenn Ihr Publikum spürt, dass Ihr Schweigen nicht aus Verlegenheit, sondern aus Überlegung entstanden ist, dann wird man Sie trotz fehlender Antwort ebenfalls für schlagfertig halten.

☑ Checkliste

- ☐ Gibt es besondere Themen, bei den Ihnen schnelle Antworten schwer fallen?
- ☐ Gibt es Personen, bei denen es Ihnen schwer fällt, schnell zu antworten?

Literatur

- Märtin, Doris: *Smart Talk. Sag es richtig!* Frankfurt/New York, 2006. Campus.

8

Ich muss eine Rede halten

Eine gute Rede soll das Thema erschöpfen
und nicht die Zuhörer.

Das Problem

Alle Jahre wieder. So wie Weihnachten regelmäßig gefeiert wird, so müssen regelmäßig Reden gehalten werden. Müssen? Häufig wird eine Rede von beiden Seiten als lästige Pflicht empfunden. Sei es eine Abschiedsrede anlässlich eines Personalwechsels, sei es eine Rede zur Bekanntgabe eines Ereignisses, sei es ein Fachvortrag oder eine Jubiläumsrede. Kurt Tucholsksy sagte es bereits: »Wenn einer spricht, müssen die anderen dir zuhören. Das ist deine Gelegenheit – missbrauche sie.« Nun steht sie Ihnen bevor – Ihre Rede. Bei selbstkritischer Betrachtung würden Sie sich nicht als großen Redner bezeichnen. Sie haben zwar kein Problem damit, anderen Menschen etwas zu erklären und näher zu bringen. Aber der Gedanke an eine richtige Rede vor Publikum kann Ihnen doch den Schlaf rauben. Das möchten Sie gerne ändern.

Fragen, die Sie sich stellen sollten

1. Was wollen Sie mit der Rede erreichen?
2. Wen wollen Sie mit der Rede erreichen?
3. Kennen Sie das Thema gut genug?
4. Was soll auf jeden Fall »hängen bleiben«?
5. Wie lange darf die Rede dauern?
6. Was machen Sie bei unvorhergesehenen Situationen?

Tipps zu den Fragen

1. Als Erstes muss Ihnen klar sein, warum die Rede gehalten werden soll. Ob es sich um eine Jubiläumsrede handelt, um eine Abschiedsrede oder was immer der Anlass ist, das Ziel der Rede muss vorher eindeutig geklärt sein. Das Publikum (wir alle) akzeptiert nur zwei Ziele: Entweder »Schmerzen reduzieren« oder »Spaß haben«. Das heißt, entweder Sie machen das Leben für das Publikum einfacher, angenehmer mit Ihrer Botschaft – oder Sie liefern dem Publikum Spaß und Freude. Mehr erwartet Ihr Publikum gar nicht. Wenn Sie über ein Fachthema referieren, dann werden Sie das erste Ziel erreichen wollen. Bei allen anderen Themen werden Sie das zweite Ziel anstreben.
2. Sie sollten Ihr Publikum kennen, damit Sie die Menschen in der richtigen Sprache ansprechen können. Es ist sehr schwierig, sich einfach auszudrücken, vor allem bei Fachthemen. Halten Sie sich an die bewährte Regel aus der Werbung: Wenn Sie Akademiker ansprechen, dann benutzen Sie das Vokabular von Studenten im ersten Semester, wenn Sie »Otto Normalverbraucher« ansprechen, dann benutzen Sie das Vokabular von 13-Jährigen. Haben Sie keine Scheu, einfache Worte einzusetzen. Sie verbessern dadurch die Trefferquote. Vermeiden Sie aggressive Begriffe und Redewendungen. Verwenden Sie dafür farbenfrohe Worte und eine bildhafte Sprache. Nehmen Sie Ihre Rede vorher zur Probe auf Band auf und prüfen Sie kritisch, ob sie Ihnen gefällt.
3. Man sollte immer wissen, worüber man spricht. Deshalb beschäftigen Sie sich intensiv mit dem Thema. Nichts ist peinlicher für einen Redner als der Punkt, an dem das Publikum merkt: »Der hat ja gar keine Ahnung wovon er spricht.« Knüpfen Sie Ihre Rede an die Gedankengänge Ihres Publikums an, es fällt den Zuhörern dann leichter, Ihnen zu folgen. Deshalb sollten Sie nicht nur wissen, worüber Sie sprechen, sondern auch, zu wem Sie sprechen. Nehmen Sie deshalb vor der Erstellung Ihrer Rede Kontakt zu einem »typischen« Zuhörer auf. So finden Sie leichter Ihre Anknüpfungspunkte.
4. Die Aufnahmebereitschaft Ihres Publikums ist oft geringer, als Sie erhoffen. Das meiste von dem, was Sie sagen, wird vergessen. Deshalb ist es so wichtig für Sie, im Voraus ganz klar zu definieren, welche Schlüsselbotschaft auf jeden Fall beim Empfänger fest verankert werden soll. Das

Herausfinden dieses Punktes zwingt Sie bereits, sich über die Struktur Ihrer Rede intensiv Gedanken zu machen. Sprechen Sie in der Sie-Form und weniger in der Wir- oder Ich-Form. Das Publikum fühlt sich dann direkt angesprochen. Es interessiert niemanden, was Sie machen, es interessiert nur, welchen Nutzen oder Vorteil der Empfänger der Botschaft aus Ihren Worten gewinnen kann.

5. Wenn Ihre Zuhörer sich gelangweilt im Raume umschauen, das Zifferblatt ablesen oder anfangen, miteinander zu reden, dann hätten Sie vor ein paar Minuten schon aufhören sollen. Wenn Sie Ihre Zuhörer mehr als 20 Minuten lang fesseln wollen, dann müssen Sie schon ein absoluter Rhetorik-Profi sein. In 15 Minuten sollten Sie in der Lage sein, Ihre Botschaft eindeutig zu transportieren.
6. Unvorhergesehenes ist nicht vorhersehbar. Oder etwa doch? Alle eventuellen Störungen während einer Rede kann man sich vorher vorstellen: Ihnen fällt ein Teil des Manuskriptes oder Ihr Kugelschreiber auf den Boden, jemand unterbricht Sie mit einem unfairen Vorwurf, der Projektor, das Licht oder der Lautsprecher fällt aus, jemand macht einen Witz, über den alle lachen – all das kann passieren. Wenn Sie die Situationen vorher einmal in Ihren Gedanken durchgespielt haben, dann werden Sie nicht überrascht sein, wenn eines der Ereignisse tatsächlich eintritt. Nehmen Sie jede Situation mit Humor auf. Den unfairen Vorwurf ignorieren Sie, wiederholt der »Störer« seine Attacke, versprechen Sie, zu einem späteren Zeitpunkt darauf einzugehen, nämlich dann, wenn Sie zu diesem Thema etwas mehr sagen wollen. Das gibt Ihnen Zeit, sich eine passende Antwort einfallen zu lassen. Um Zeit zu gewinnen, können Sie auch Fragen stellen. Auch eine rhetorische Frage, auf die Sie keine Antwort erwarten, gibt Ihnen eine Denkpause. Machen Sie sich vorher Gedanken über mögliche Einwände aus dem Publikum und entwickeln Sie die passenden Antworten.

Zusammenfassung

Alle großen Redner haben klein angefangen und so lange geübt, bis sie ihr Publikum im Griff hatten. Wenn Sie vor Publikum stehen, sind Sie meist der Einzige, der Ihre Nervosität spürt. Suchen Sie sich zwei bis drei freundlich gestimmte Zuhörer, schauen Sie diese Menschen während Ihrer Rede öfter kurz an und lassen Sie sich von den strahlenden Gesichtern stimulieren. Achten Sie vor Ihrem Auftritt auf Ihr Äußeres (Kleidung o.k.?). Atmen Sie vorher ein paarmal tief durch. Stellen Sie ein Glas Wasser vor sich. Sie werden es kaum benötigen, wenn es jedoch fehlt, werden Sie es vermissen, Ihre Kehle wird schneller trocken. Machen Sie ruhig auch mal eine dramaturgische Pause. Spielen Sie mit Ihrer Stimme, sprechen Sie auf keinen Fall zu schnell und vermeiden Sie Monotonie. Bringen Sie Ihr Publikum zum Schmunzeln. Und vergessen Sie nicht das Wichtigste bei einer Rede: Ein starker Anfang und ein noch stärkerer Schluss garantieren Ihnen den verdienten Applaus.

☑ Checkliste

- ☐ Was ist der Anlass der Rede?
- ☐ Warum soll die Rede überhaupt gehalten werden?
- ☐ Warum sollte sich jemand für meine Botschaft interessieren?
- ☐ Wer sind meine Zuhörer?
- ☐ Was wissen die Zuhörer bereits über das Thema?
- ☐ Welche Beispiele passen zum Thema?
- ☐ Wer soll mit welchem Gefühl den Raum anschließend verlassen?
- ☐ Was sollen die Zuhörer anschließend tun?
- ☐ Welche Nebeneffekte sollen mit der Rede erreicht werden?

Literatur

- Barker, Alan: *30 Minuten bis zur effektiven Besprechung*. Offenbach, 1998. Gabal-Verlag.
- Forsyth, Patrick: *30 Minuten bis zur überzeugenden Präsentation*. Offenbach, 1998. Gabal-Verlag.

9

Ich kann mich schriftlich schlecht ausdrücken

Wer schreibt, der bleibt.
Wer besser schreibt, steigt auf.

Das Problem

Wenn Sie mit anderen Menschen sprechen, können Sie etwas kurz und prägnant vermitteln. Ganz anders ist das, wenn Sie es schriftlich transportieren sollen. Dann entstehen lange Sätze mit vielen Kommas. Beim anschließenden Lesen verstehen Sie oft Ihren eigenen Text nicht mehr. Ihre E-Mails sind die Längsten im ganzen Unternehmen. Wie lernen Sie besser schreiben?

Fragen, die Sie sich stellen sollten

1. Haben Sie eigentlich genau verstanden, worum es geht?
2. Wen interessiert Ihre Mitteilung?
3. Was ist beim Schreiben zu beachten?
4. Was soll der Empfänger mit der Nachricht anfangen?
5. Welche Reaktion erwarten Sie vom Empfänger?

Tipps zu den Fragen

1. Fragen Sie sich kritisch, ob Sie tief genug im Thema stehen, um »mitreden« zu können. Können Sie das Kernthema mit wenigen Worten auf den Punkt bringen? Zeichnen Sie die wichtigsten Punkte auf einem Blatt Papier in grafischer Form auf, markieren Sie die Zusammenhänge mit Pfei-

len und Farben, um Wesentliches von Unwesentlichem unterscheiden zu können. Damit entsteht in Ihrem Kopf ein Bild, das Sie als Leitfaden begleitet. Versetzen Sie sich in die Lage des Empfängers, gehen Sie davon aus, dass er nicht denselben Wissensstand wie Sie besitzt.

2. Wer sind die Empfänger Ihrer Nachricht? Wenn es »Insider« sind, also Personen aus Ihrem engsten beruflichen Umfeld, dann sollten Sie trotzdem auf fachspezifischen Jargon verzichten, wenn die Gefahr besteht, dass Ihre Mitteilung anschließend weiterverbreitet wird. Handelt es sich bei den Empfängern um Außenstehende, dann ist es erst recht ratsam, einfache und verständliche Worte einzusetzen.
3. Vermeiden Sie Abkürzungen, die zu Missverständnissen führen könnten. Achten Sie darauf, dass Ihre Sätze weniger als 18 Worte beinhalten und dass Ihre Absätze aus maximal fünf Sätzen bestehen. Benutzen Sie einen aktiven Schreibstil: Schreiben Sie »ich veranlasse« an Stelle von »ich werde veranlassen«.
4. Informieren Sie gleich zu Anfang Ihres Schreibens über den Grund Ihrer Zeilen. Das macht es dem Empfänger leichter, das Schriftstück richtig einzusortieren: Ist es nur Information, ist es die Anweisung, etwas selbst zu tun, ist ein Kommentar erforderlich oder ist es zur Weiterleitung an Mitarbeiter bestimmt?
5. Wenn Sie eine unmittelbare Reaktion vom Empfänger erwarten, so weisen Sie am Ende des Schreibens nochmals eindeutig darauf hin. Denn bei der Menge der – meist überflüssigen – Informationen, mit denen heute jeder überschüttet wird, steigt die Gefahr des Vergessens oder des Liegenlassens, wenn Sie nicht eindeutig Ihre Erwartungshaltung signalisieren (vielleicht mit entsprechenden grafischen Symbolen verstärken). Und je kürzer Ihr Schreiben ist, desto eher wird der Empfänger reagieren.

Zusammenfassung

Schon Goethe wusste um die Problematik des Themas: »Entschuldigung, dass dieser Brief so lang wurde, aber ich hatte keine Zeit für einen Kürzeren.« Stehlen Sie anderen Menschen nicht deren wertvolle Arbeitszeit durch unnötig lange Schriftstücke. Veranstalten Sie einen Wettbewerb in Ihrer Abteilung: Wie kann man dieses Thema kurz und prägnant schriftlich fest halten?

☑ Checkliste

Erstellen einer Mitteilung:

- ☐ Worum geht es genau?
- ☐ Worum geht es nicht?
- ☐ Wer muss dieses Schreiben lesen?
- ☐ Wen könnte dieses Schreiben noch interessieren?
- ☐ Was will ich mit diesem Schreiben bis wann erreichen?

Schlusskontrolle:

- ☐ Was könnte man noch einfacher formulieren?
- ☐ Was könnte man optisch noch besser darstellen?
- ☐ Wie könnte man das Schreiben noch kürzer formulieren?

10

Ich höre nicht richtig zu

Große Leute sind gut im Zuhören,
kleine Leute sind gut im Reden.

Das Problem

Sie versuchen es immer wieder: konzentriert zuzuhören. Aber dann passiert es: Entweder glauben Sie schon zu wissen, was Ihr Gegenüber sagen wird, oder es dauert Ihnen einfach zu lange, bis er seine Sätze formuliert hat – und Sie unterbrechen ihn. Sie wissen, dass es nicht nur unhöflich ist, seinen Gesprächspartner zu unterbrechen. Sie wissen auch, dass Ihr Gesprächspartner Ihnen vielleicht noch viel mehr Informationen geliefert hätte, wäre er nicht wieder unterbrochen worden. Sie wissen auch, dass Sie an diesem Problem ernsthaft arbeiten müssen, um Ihre Führungsqualitäten zu verbessern. Aber wie können Sie das Problem angehen?

Fragen, die Sie sich stellen sollten

1. Warum lassen Sie andere nicht ausreden?
2. Welchen Eindruck hinterlassen Sie bei Ihren Gesprächspartnern? Was stört Sie beim Zuhören am meisten?
3. Woran denken Sie, wenn Sie anderen zuhören?
4. Glauben Sie etwa, Sie wüssten alles besser?
5. Bei welchen Themen fällt Ihnen das Zuhören besonders schwer?

Tipps zu den Fragen

1. Die zwei Hauptgründe, andere nicht ausreden zulassen, sind offensichtlich. Entweder man glaubt, genau zu wissen, was das Gegenüber einem

mitteilen will, weil man das Thema sehr gut kennt. Der andere Grund ist die Befürchtung, dass der andere Ideen äußert, die nicht in das eigene Weltbild passen und die man deshalb gerne verdrängen möchte. In beiden Fällen berauben Sie sich der Chance, Neues zu erfahren oder gar hinzuzulernen.

2. Versetzen Sie sich doch einfach in die Lage Ihres Gegenübers. Wie gefällt es Ihnen eigentlich, wenn Ihr »Gesprächspartner« Sie nicht zu Wort kommen lässt? Finden Sie ihn noch sympathisch? Möchten Sie noch länger mit ihm zu tun haben? Wahrscheinlich empfinden Sie ihn als überheblich, arrogant, bevormundend – aber auf keinen Fall als angenehm und liebenswert.

3. Es gibt Menschen mit einer längeren Geduldsleine und Menschen mit einer kürzeren. Die Leine wird eher kürzer bei Gesprächspartnern, die sich unklar ausdrücken, um das Thema herumreden, schwerverständliche Dialekte gebrauchen, sich wiederholen, zu schnell sprechen oder sogar dramaturgische Pausen einlegen, um das Gesagte besser wirken zu lassen. Das alles sollte Sie nicht beeindrucken, denn Sie sind nur an einem interessiert: der Botschaft.

4. Achten Sie einmal beim nächsten, für Sie schwierigen Gespräch darauf, woran Sie im Verlauf der Unterhaltung denken. Wenn Sie sich mit Ihren Gedanken mit anderen Problemen beschäftigen, dann spürt das Ihr Gesprächspartner sofort. Natürlich wird er seine Versuche verstärken, Sie ins Boot zu ziehen, indem er lauter, schneller, eindringlicher und vor allem mit Wiederholungen operiert. Sein Ziel ist es ja, seine Botschaft bei Ihnen richtig ankommen zu lassen.

5. Schön für Sie, wenn Ihr Wissen und Ihre Erfahrungen Sie vom Rest der Welt unabhängig machen. Selbst wenn Sie sich in diesem Irrglauben wohl fühlen, berauben Sie sich bitte nicht der Chance, hier und da noch etwas hinzuzulernen. Andere Menschen haben andere Standpunkte, andere Blickwinkel und bereichern deshalb Ihr Weltbild nicht unerheblich.

6. Wenn Sie feststellen, dass Ihr Problem bei gewissen Themen besonders stark auftritt, dann sollte Ihnen das zu denken geben. Es gibt offenbar Reizthemen, bei denen Ihre Sachlichkeit Sie schneller verlässt und Ihre

Emotionen ins Spiel kommen. Als Führungskraft mit Vorbildfunktion sollten Sie in diesen Fällen besonders sachlich und neutral an das Thema herangehen.

Zusammenfassung

Zum richtigen Zuhören gehört, dass man sich vom Erwarteten löst und sich nur auf das Gehörte konzentriert. Stellen Sie sich immer vor, Sie müssten das gerade Gehörte anschließend wiedergeben, mit eigenen Worten wiederholen. Vermeiden Sie auch, Ihr Gegenüber unter Druck zu setzen, um schneller fertig zu werden. Legen Sie alles aus den Händen, was Sie beim Zuhören ablenken könnte, gestikulieren Sie vor allem nicht mit Ihrem Kugelschreiber in der Hand in Richtung Gesprächspartner, er fühlt sich sonst schnell bedroht. Unterbrechen Sie den anderen nicht, warten Sie, bis er »leergelaufen« ist. Handelt es sich bei dem Gesprächspartner um einen Mitarbeiter, der Probleme beim Artikulieren hat, dann senden Sie ihn auf ein Rhetorikseminar.

☑ Checkliste

- ☐ Stellen Sie Ihre Fragen so, dass Ihr Gegenüber gerne spricht – und sich nicht verteidigen muss.
- ☐ Halten Sie sich beim Zuhören unter Kontrolle.
- ☐ Seien Sie neugierig auf Neues in der Botschaft.
- ☐ Sagen Sie nicht: »Warum haben Sie mir das nicht früher gesagt?«, sondern: »Was hat Sie davon abgehalten, mir das früher zu sagen?«.
- ☐ Vermeiden Sie das Wort »aber«, sagen Sie lieber »und«: »Gut gemacht, aber wenn Sie früher angerufen hätten, dann ...« klingt anders als »Gut gemacht, und wenn Sie früher angerufen hätten, dann ...«.

Wiederholen Sie Teile des Gehörten:

»Und dann hat mich der Kollege dauernd unterbrochen.«

»Sie wurden dauernd unterbrochen, was passierte dann?«.

- [ ] Stellen Sie keine einfachen Fragen (wer, was, wie, warum), sondern versuchen Sie, Gründe und Hintergründe zu ermitteln durch Fragen wie: »Was war der Grund dafür, dass Sie früher weggegangen sind?«.
- [ ] Lernen Sie zu schweigen – und zuzuhören.

Literatur

- Tierney, Elizabeth: *30 Minuten für erfolgreiche Kommunikation*. Offenbach, 1998. Gabal-Verlag.

11

Ich muss eine Toppräsentation machen

In dir muss brennen, was du in anderen entzünden willst.

Das Problem

Ihr Chef hat Sie beauftragt, vor einem größeren Publikum eine Präsentation zu geben. Egal, ob es sich um ein neues Produkt handelt, die Umorganisation Ihrer Abteilung oder was immer das Thema ist: Sie gehen mit gemischten Gefühlen an das Projekt heran. Das ist ganz verständlich, denn Sie haben so etwas noch nie gemacht. Einmal ist immer das erste Mal, jeder Redner hat einmal so angefangen – mit dem berühmten flauen Gefühl im Magen. Warum sollte es Ihnen also anders gehen? Auf der anderen Seite haben Sie die einmalige Chance, Ihr Publikum in Ihrem Sinn zu beeinflussen. Also nutzen Sie die Chance.

Fragen, die Sie sich stellen sollten

1. Reicht Ihre Kompetenz für das ausgewählte Thema aus?
2. Welche Aktionen erwarten Sie von Ihrem Publikum nach dem Ende der Präsentation?
3. Wie viel Zeit haben Sie für die Vorbereitung, und wer kann Sie dabei unterstützen?
4. Was sind Ihre größten Befürchtungen?
5. Können Sie sich mit dem Thema identifizieren?
6. Warum sollte Ihnen überhaupt jemand zuhören?

Tipps zu den Fragen

1. Je weniger Sie über ein Thema wissen, desto unsicherer werden Sie sich fühlen. Beschaffen Sie sich deshalb alle Informationen, die Ihnen das Ge-

fühl geben, das Thema ausreichend zu beherrschen. Scheuen Sie sich nicht, eine Präsentation abzulehnen, wenn Sie nicht genügend Hintergrundinformationen erhalten. Wird die Veranstaltung ein Flop, wird sich niemand an den Auftraggeber erinnern, dafür aber immer an den Redner.

2. Muten Sie Ihrem Publikum keine Präsentation zu, bei der hinterher niemand weiß, was er mit diesen Informationen eigentlich anfangen soll. Ihre Zeit und die Zeit des Publikums ist viel zu schade, um sich »nur« mal etwas anzuhören. Bauen Sie Ihre Präsentation ganz auf das Ziel ausgerichtet auf. Machen Sie sich deshalb ausführlich vorher Gedanken, was Sie von Ihrem Publikum anschließend erwarten.
3. Lassen Sie sich keine Ad-hoc-Termine aufs Auge drücken. Stellen Sie sicher, dass die für die professionelle Vorbereitung der Präsentation erforderliche Zeit zur Verfügung steht. Das bedeutet nicht, dass Sie die ganze Ausarbeitung selbst vornehmen müssen. Die Personen jedoch, die Ihnen zur Unterstützung zur Verfügung stehen, müssen die Präsentationsunterlagen in Ihrem Sinne und nach Ihren Vorgaben erstellen.
4. Listen Sie alle Punkte auf, die Ihnen »gefährlich« erscheinen. Machen Sie sich Gedanken über Alternativen. Notieren Sie alle eventuell möglichen Einwände und Gegenargumente. Bereiten Sie Ihre Antworten darauf vor, denn wenn Sie mit einem Einwand bereits im Vorfeld vertraut sind, dann werden Sie nicht überrascht, wenn jemand aus dem Publikum Sie mit diesem konfrontiert.
5. Die Beantwortung dieser Frage ist der Schlüssel für Ihren Erfolg. Denn wie können Sie glaubhaft einem Publikum etwas »verkaufen«, wenn Sie selbst nicht davon überzeugt sind. Das bedeutet nicht unbedingt, dass Sie zu 100 Prozent vom Thema überzeugt sein müssen, denn es gibt bei jeder Betrachtungsweise einen gewissen Interpretationsspielraum. Wenn Sie aber zum Beispiel als überzeugter Nichtraucher die Vorteile des Tabakkonsums glaubhaft präsentieren sollen, dann ist der Misserfolg wahrscheinlich vorprogrammiert.
6. Das Gleiche gilt, wenn Sie diese Frage nicht beantworten können. Das heißt für Sie, Sie müssen einen Anknüpfungspunkt für das Publikum finden, einen Punkt, bei dem Ihre Zuhörer erkennen: »Aha, er spricht über mein Thema, mein Problem«. Und wenn Sie dann Ihrem Publikum noch eine plausible Lösung anbieten können, dann wird man Sie mit Ihrer Präsentation in guter Erinnerung behalten.

Zusammenfassung

Richten Sie Ihre Präsentation mehr auf das Herz als auf das Hirn Ihres Publikums aus, auch wenn Ihnen das mit einer technischen Ausbildung vielleicht widerstreben sollte. Ihr Publikum möchte eine Botschaft hören und dabei seinen Spaß haben. Sagen Sie fünfmal »Sie«, bevor Sie einmal »ich« sagen. Sprechen Sie in der Sprache Ihres Publikums, stammeln Sie nicht mit »hm, äh« oder ähnlichen hilflosen Füllwörtern durch Ihre Präsentation. Machen Sie sich während Ihrer Präsentation keine Gedanken, was schief gehen könnte, sondern freuen Sie sich über das, was jetzt gerade gut geht. Nutzen Sie Ihre Stimmlage, um Aufmerksamkeit zu wecken und zu halten. Langweilen Sie Ihr Publikum nicht mit Zahlenfriedhöfen und unverständlichen Grafiken. Denken Sie daran, dass es bereits vor der Power-Point-Zeit überzeugende Präsentationen gab. Machen Sie sich nicht zum Sklaven von PC und Beamer. Verstecken Sie sich nicht hinter technischen Hilfsmitteln. *Sie* sind die Botschaft. Beginnen Sie mit einem starken Anfang und hören Sie mit einem noch stärkeren Ende auf. Üben Sie Ihre Präsentation vorher vor einem freundlich gestimmten Publikum ein. Genießen Sie Ihren Auftritt.

☑ Checkliste

- ☐ Welche Kernbotschaft wollen Sie vermitteln?
- ☐ An welche drei Punkte soll sich das Publikum erinnern?
- ☐ Was sollen die Empfänger anschließend tun?
- ☐ Welche technischen Hilfsmittel wollen Sie einsetzen?

Literatur

- Forsyth, Patrick: *30 Minuten bis zur überzeugenden Präsentation.* Offenbach, 1998. Gabal-Verlag.
- Zelazny, Gene: *Das Präsentationsbuch.* Frankfurt/New York, 2009. Campus.

12

Ich erhalte eine private Einladung von einem Mitarbeiter

Humor ist Begleitschutz.

Das Problem

Eigentlich eine schöne Geste: Ein Mitarbeiter lädt Sie zu sich nach Hause ein. Da Sie noch nicht so lange im Unternehmen sind, wissen Sie nicht, ob diese Einladung zur Unternehmenskultur gehört oder ob der Mitarbeiter sich einen Vorteil von diesem privaten Kontakt verspricht. Da Sie diese Form des Kontaktes mit »Untergebenen« bisher noch nicht erlebten, wissen Sie auch nicht, wie Sie sich verhalten sollen. Eigentlich würden sie die Einladung gerne annehmen, aber irgendwie sind Sie verunsichert. Was tun?

Fragen, die Sie sich stellen sollten

1. Ist der Mitarbeiter männlichen oder weiblichen Geschlechts?
2. Welcher Anlass wurde Ihnen für die Einladung genannt?
3. Sind solche privaten Kontakte im Unternehmen üblich?
4. Stehen im Zusammenhang mit diesem Mitarbeiter
5. Personalentscheidungen an?
6. Wie würde der Mitarbeiter reagieren, wenn Sie die Einladung ablehnen?

Tipps zu den Fragen

1. Auch wenn dieser Gedanke vielleicht ein wenig »altertümlich« wirkt, bei der Einladung durch einen Mitarbeiter des anderen Geschlechts kann durchaus der Hintergedanke einer über das berufliche Interesse hinaus-

gehenden Kontaktaufnahme bestehen. Selbst wenn Ihnen diese Überlegung persönlich nicht unsympathisch erscheint, sollten Sie sich über eventuelle Konsequenzen vorher im Klaren sein. Als Vorgesetzter sollten Sie jeden Verdacht der Bevorzugung bestimmter Mitarbeiter vermeiden.

2. Wenn es sich um eine Einladung in einem größeren Rahmen handelt, dann können Sie durchaus genießen, dass man Sie eingeladen hat.
3. In einem Unternehmen, in dem private Einladung gang und gäbe sind, können Sie die Einladung ebenfalls gerne annehmen.
4. Wenn in der nächsten Zeit Personalentscheidungen entstehen, die diesen Mitarbeiter betreffen könnten, dann dürfen Sie auf keinen Fall den Verdacht entstehen lassen, dass der Besuch die Entscheidungen in irgendeiner Form beeinflussen wird.
5. Sprechen Sie eine eventuelle Ablehnung der Einladung auf jeden Fall taktvoll aus. Benutzen Sie keine »billigen« Ausreden, sondern antworten Sie offen und ehrlich. Zum Beispiel: »Wir werden uns nach Abschluss des Projekts alle treffen, um dann den Erfolg gemeinsam feiern zu können.«

Zusammenfassung

Zeigen Sie Ihrem Mitarbeiter, dass Sie geselligen Zusammenkünften gegenüber nicht abgeneigt, aber in der Lage sind, strikt zwischen dienstlichen Belangen und privaten Themen zu trennen. Da in »moderneren« Branchen die Umgangsformen weniger traditionell gehandhabt werden, sollten Sie sich den branchenüblichen Gepflogenheiten nicht verschließen.

Literatur

- Begemann, Petra: *Der große Business-Knigge. Was Sie heute im Berufsleben wissen müssen*. Frankfurt am Main, 2007. Eichborn.

Selbstmanagement

13

Ich komme mit meiner Arbeitszeit nicht mehr aus

Nicht die Zeit drängt,
sondern der Mensch.

Das Problem

Irgendetwas hat sich offenbar geändert, Sie haben mehr zu tun. Eine zusätzliche Aufgabe, ein neues Projekt, egal was der Grund ist – Ihre geplante Arbeitszeit reicht nicht mehr. Sie arbeiten häufig immer länger, kommen morgens früher und bleiben abends länger. Der Samstag wird immer öfter zum normalen Arbeitstag. Vielleicht erscheinen Sie sogar ab und zu am Sonntag an Ihrem

Arbeitsplatz. In Ihrem Bekanntenkreis ist bereits das Wort »Workaholic« gefallen. Sie suchen nach einer Möglichkeit, Ihre Arbeitszeit besser zu nutzen.

Fragen, die Sie sich stellen sollten

1. Seit wann kommen Sie mit Ihrer Zeit nicht mehr aus?
2. Haben Sie neue, zusätzliche Aufgaben übernommen?
3. Haben sich Änderungen in der Personalstärke ergeben?
4. Können Sie lächelnd »nein« sagen?
5. Können Sie konstant an einer Tätigkeit bleiben, oder lassen Sie sich sehr schnell ablenken?
6. Führen Sie ein Zeitplanbuch?
7. Haben Sie ein schlechtes Gewissen, wenn Arbeit unerledigt liegen bleibt?

8. Suchen Sie häufig nach Unterlagen?
9. Beachten Sie Ihre Leistungskurve?
10. Werden Sie öfters während des Tages gestört?
11. Sind Sie ein Detailfetischist?
12. Verbringen Sie zu viel Zeit in Meetings?

Tipps zu den Fragen

1. Besteht das Problem bereits seit Beginn Ihrer Tätigkeit oder erst seit einiger Zeit? Wenn Sie von Anfang an mit Zeitproblemen zu kämpfen haben, dann stellen Sie Ihr Zeitmanagement generell auf den Prüfstand. Besuchen Sie ein Zeitmanagement-Seminar. Bedrückt Sie dieses Problem erst seit kurzem, analysieren Sie: Wie viel Zeit wenden Sie für welche Tätigkeiten auf?
2. Wenn Sie neue, zusätzliche Aufgaben übernommen haben, dann prüfen Sie, welche Ihrer ursprünglichen Tätigkeiten reduziert, weggelassen oder delegiert werden können.
3. Wenn sich temporäre Änderungen, zum Beispiel bei Ausfällen durch Krankheit, ergeben haben, prüfen Sie, ob Sie mit Aushilfskräften Entlastung schaffen können. Handelt es sich um eine andauernde Situation, dann delegieren Sie, geben Sie Aufgaben ab – oder verstärken Sie die Personaldecke.
4. Sie haben ein Problem, mit einem Lächeln etwas abzulehnen. Diese Schwäche wird häufig von anderen missbraucht. Lassen Sie sich von Ihren Mitarbeitern keine Aufgaben aufhalsen, die zu deren Aufgabenbereich gehören. Sagen Sie dem Mitarbeiter mit einem freundlichen Lächeln: »Ich glaube, das gehört eher zu Ihrem eigentlichen Aufgabengebiet« oder »Ich bin davon überzeugt, dass Sie das besser können«. Ebenso wenig sollten Sie sich von Ihrem Chef Aufgaben »aufs Auge drücken« lassen, ohne eine entsprechende gemeinsame Ressourcenplanung vorzunehmen.
5. Wenn Sie sich bei einer Tätigkeit schnell unterbrechen lassen, dann werden Sie nach der Unterbrechung immer wieder neu anfangen. Die für

eine Tätigkeit aufgewendete Zeit ist um ein Vielfaches höher, als wenn Sie konstant an der Aufgabe drangeblieben wären. Ihr »Unterbrecher« kümmert sich recht wenig um diese Tatsache, denn es ist in der Tat »Ihr« Problem. Minimieren Sie also die Unterbrechungen, indem Sie Ihre Tür verschlossen halten oder Ihr Telefon während bestimmter Zeiten des Tages umschalten.

6. Führen Sie ein Zeitplanbuch, um so weit wie möglich eine Planung Ihrer Aktivitäten während des Tages sicherzustellen. Verplanen Sie nicht den ganzen Tag, sondern lassen Sie noch Zeitblöcke frei für Unvorhergesehenes. Beim Einsatz eines Zeitplanbuches ist wichtig, Ihre Ziele – und somit Ihre Prioritäten – an die erste Stelle zu setzen. Aus der Fülle der Zeitplanbücher am Markt wählen Sie dasjenige aus, das Ihrem Stil am besten entspricht.

7. Ein schlechtes Gewissen löst keine Probleme, es verstärkt Sie nur. Wenn Sie Dinge liegen lassen müssen, planen Sie einen Zeitraum für die Erledigung ein. Dann aber lassen Sie sich nicht unterbrechen, bis die Tätigkeit abgeschlossen ist. Handelt es sich um größere Aufgaben, dann zerlegen Sie die Aufgabe in kleinere logische Einzelschritte.

8. Suchzeit ist wertvolle Arbeitszeit, die Ihnen am Tagesende fehlt. Optimieren Sie Ihre Ablage und notieren Sie, unter welchen Rubriken welche Informationen abgelegt werden. Machen Sie ein Flussdiagramm über die Abläufe in Ihrem Büro. Binden Sie Ihre Mitarbeiter in die Neugestaltung des Ablagesystems ein.

9. Sie sind nicht zu jedem Zeitpunkt des Tages gleich »gut drauf«. Zeichnen Sie auf, zu welchen Phasen des Tages Ihre Leistungskurve sich im oberen Bereich befindet. Das sind die Zeiten, die Sie für anspruchsvollere Tätigkeiten nutzen sollten.

10. Notieren Sie die Störfaktoren, die Sie am effektiven Arbeiten hindern. Reduzieren Sie die Anzahl der Störungen auf ein absolut notwendiges Maß. Machen Sie Ihr Umfeld darauf aufmerksam, dass es für alle von Vorteil ist, wenn Sie sich voll Ihren Führungsaufgaben widmen können. Reservieren Sie feste Zeiten zum Lesen und Bearbeiten Ihrer E-Mails. Überprüfen Sie regelmäßig gemeinsam mit Ihren Kollegen den E-Mail-Verteiler: »Wer benötigt welche Information – und wer nicht?«

11. Prüfen Sie, ob jede Tätigkeit tatsächlich eine hundertprozentige Genauigkeit erfordert. Auch wenn Sie damit vielleicht gegen Erziehungsprinzipien Ihres Elternhaus verstoßen, gewöhnen Sie sich eine gewisse Unschärfe an bei den Punkten, die mit etwas weniger Genauigkeit genauso gut erledigt werden können.
12. Prüfen Sie kritisch, bei welchen Meetings Sie hätten problemlos fehlen können. Streichen Sie diese Termine für die Zukunft aus Ihrem Terminkalender. Nutzen Sie die gewonnene Zeit für Ihre eigentlichen Führungsaufgaben.

Zusammenfassung

Auch wenn Sie bei einigen der genannten Punkte bereits erfolglose Versuche unternommen haben, Ihren Zeithaushalt besser in den Griff zu bekommen, geben Sie nicht auf, permanent an dem Problem zu arbeiten. Denken Sie an Ihre Vorbildfunktion als Vorgesetzter. Denn wenn Sie Ihre Arbeitszeit nicht professionell verwalten, wie können Sie es dann von Ihren Mitarbeitern erwarten? Und am Ende des Tages interessiert es niemanden, warum Sie Ihre Arbeit nicht vollendet haben. Sie werden am Resultat gemessen und nicht an der nutzlos verschwendeten Energie, die Sie voller Fleiß in einen unproduktiven Arbeitstag investiert haben.

Das Pareto-Prinzip wurde von dem italienischen Wirtschaftswissenschaftler Vilfredo Pareto im 18. Jahrhundert »entdeckt«. Er stellte

Das Pareto-Prinzip

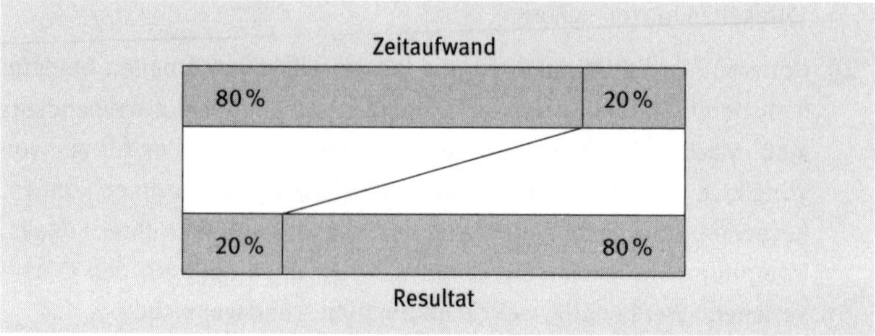

fest, dass 80 Prozent des Reichtums in den Händen von 20 Prozent der Bevölkerung lagen. Dieses Zahlenverhältnis findet sich verblüffend häufig auch in anderen Bereichen wieder:

20 Prozent der Kunden sorgen für 80 Prozent des Umsatzes, 20 Prozent der Kunden verursachen 80 Prozent der Reklamationen.

Auch in unserem Zeithaushalt gilt diese 80/20-Regel: Wir investieren 80 Prozent unserer Zeit, um nur 20 Prozent unserer Resultate zu erzielen. So weit die schlechte Nachricht. Die gute Nachricht lautet allerdings: Mit lediglich 20 Prozent unserer investierten Zeit erreichen wir 80 Prozent der angestrebten Resultate.

Wenn Sie also 80 Prozent Ihrer Zeit damit verbringen, nur 20 Prozent Ihrer Aufgaben zu erledigen, dann sollte Ihnen das eine genauere Analyse Ihrer Tätigkeiten wert sein.

☑ Checkliste

Tätigkeit	geschätzter Aufwand
☐	☐ ....
☐	☐ ....
☐	☐ ....
☐	☐ ....
☐	☐ ....

Literatur

- Koch, Richard: *Das 80/20-Prinzip. Mehr Erfolg mit weniger Aufwand.* Frankfurt/New York, 2008. Campus.
- Scott, Martin: *Zeitgewinn durch Selbstmanagement. So kriegen Sie Ihre neuen Aufgaben in den Griff.* Frankfurt/New York, 2001. Campus.
- Seiwert, Lothar J.: *Das neue 1x1 des Zeitmanagement.* München, 2007. Gräfe und Unzer.
- Seiwert, Lothar J.: *Wenn Du es eilig hast, gehe langsam. Mehr Zeit in einer beschleunigten.* Frankfurt/New York, 2008. Campus.

14

Ich verliere manchmal den Überblick über meine verschiedenen Aufgaben

Prioritäten setzen heißt auszuwählen,
was liegen bleibt.

Das Problem

Sie verlieren manchmal den Überblick über die vielen Dinge, die Sie gleichzeitig erledigen möchten. Zusätzlich möchten Sie noch detailliert über alles Bescheid wissen, was in Ihrem Verantwortungsbereich geschieht. Sie befürchten nun, dass sich die Situation mit jeder neuen Aufgabe eher verschlimmert. Denn je mehr Sie tun, desto mehr verlieren Sie den Überblick.

Fragen, die Sie sich stellen sollten

1. Gehören alle Ihre Tätigkeiten zu Ihren Kernaufgaben?
2. Wer könnte welche dieser Tätigkeiten besser oder effektiver ausführen?
3. Welche Tätigkeit könnte gefahrlos wegfallen?
4. Was sagen Ihre Kollegen zu Ihrem Arbeitsstil?
5. Nutzen Sie alle verfügbaren Werkzeuge und Hilfsmittel?
6. Haben Sie Vertrauen in Ihre Mitarbeiter?
7. Was passiert, wenn Sie ein paar Tage ausfallen?

Tipps zu den Fragen

1. Analysieren Sie als Erstes, ob jede Ihrer Tätigkeiten zu Ihren Kernaufgaben gehört. Prüfen Sie dabei, welche Arbeiten sich im Laufe der Zeit

»eingeschlichen« haben. Fragen Sie sich, für welche der Tätigkeiten Sie eigentlich bezahlt werden – und für welche nicht.

2. Prüfen Sie, welcher Ihrer Mitarbeiter welche Tätigkeit besser, schneller und effektiver ausführen könnte. Dann delegieren Sie die Tätigkeit. Ist noch keiner Ihrer Mitarbeiter in der Lage, eine Ihrer Arbeiten zu übernehmen, dann bilden Sie ihn schleunigst aus.

3. Häufig haben sich aus Gewohnheit wenig nutzbringende Tätigkeiten im Laufe der Zeit eingeschlichen. Stellen Sie alle Tätigkeiten auf den Prüfstand und entscheiden Sie, was ohne große Probleme wegfallen kann. Zu Ihren Führungsaufgaben gehört auch, unpopuläre Entscheidungen zu treffen und liebgewonnene Aufgaben abzuschaffen, wenn sie für die Zielerreichung nicht mehr erforderlich sind.

4. Fragen Sie Ihre Kollegen (vielleicht auch Ihre Mitarbeiter), wie sie Ihren Arbeitsstil empfinden. Wirken Sie vielleicht umständlich, übergenau oder etwa pedantisch? Schauen Sie, wie Ihre Kollegen mit ähnlichen Problemen fertig werden. Lassen Sie sich Tipps und Empfehlungen geben. Sie vergeben sich nichts, wenn Sie andere um Rat fragen.

5. Machen Sie sich Gedanken, mit welchen Werkzeugen und Hilfsmitteln Sie Ihre Arbeit rationeller gestalten können. Setzen Sie effektive EDV-Hilfsmittel ein. Nehmen Sie jedes Schriftstück nur einmal in die Hand. Arbeiten Sie mit der ABC-Analyse.

6. Prüfen Sie selbstkritisch, wie es um Ihr Vertrauensverhältnis zu Ihren Mitarbeitern bestellt ist. Wenn Sie jedes Detail kontrollieren und Ihren Mitarbeitern nicht voll vertrauen, dann werden diese Ihre Erwartungshaltung irgendwann erfüllen. (Wer Misstrauen sät, wird Misstrauen ernten.) Sie werden in Zukunft wahrscheinlich an Detailarbeit ersticken. Geben Sie Ihren Mitarbeitern mehr Entscheidungsfreiheit.

7. Haben Sie sich bereits diese Frage einmal gestellt? Wäre es nicht unverantwortlich gegenüber dem Unternehmen, wenn während Ihrer (irgendwann unvermeidbaren) Abwesenheit Stillstand einträte, nur weil Sie Ihre Vorgesetztenfunktion falsch verstanden haben? Ihr Chef müsste sich zu Recht ernsthaft mit Ihnen über die Rolle einer Führungskraft unterhalten. Geben Sie ab, delegieren Sie alles, was nicht zu Ihren Kernaufgaben gehört.

Zusammenfassung

Zu einer Führungskraft gehört, vorausschauen zu können, Pläne und Szenarien für zukünftige Entwicklungen zu entwerfen. Minimalvoraussetzung ist dabei, seinen dreiwöchigen Urlaub planen zu können, ohne nach der Rückkehr in Zettelhaufen zu versinken. Loslassen können heißt, die Hände für andere Dinge frei zu haben – für die weitere Zukunft.

Das ABC der Prioritätensetzung

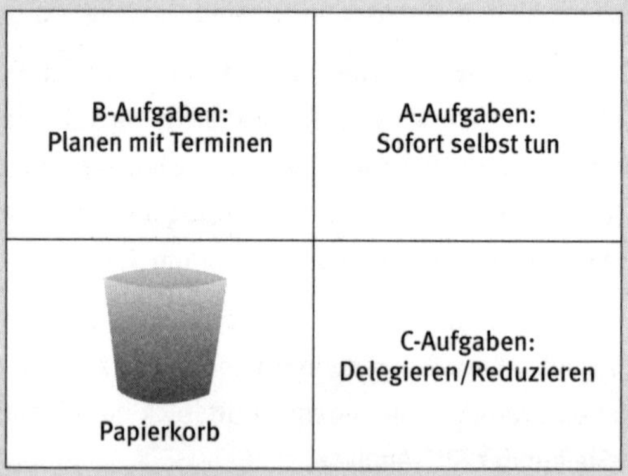

☑ Checkliste

- ☐ Listen Sie Ihre typischen A-Aufgaben auf: ....
  ....
  ....
  ....

- [ ] Listen Sie Ihre typischen B-Aufgaben auf: ....

....

....

....

- [ ] Listen Sie Ihre typischen C-Aufgaben auf: ....

....

....

....

- [ ] Konzentrieren Sie sich mehr auf Ihre A-Aufgaben.
- [ ] Erweitern Sie Schritt für Schritt den Quadranten D = Papierkorb.

Literatur

- Seiwert, Lothar J., Gay, Friedbert: *Das neue 1x1 der Persönlichkeit.* München, 2004. Gräfe und Unzer.
- Seiwert, Lothar J.: *Das neue 1x1 des Zeitmanagement.* München, 2007. Gräfe und Unzer.

15

Ich habe zu viel Verantwortung (möchte meinen Status aber nicht verändern)

Zu viel des Guten ist zu viel.

Das Problem

Es wird Ihnen gelegentlich zu viel. Eigentlich sind Sie mit Ihrer Tätigkeit zufrieden. Die Arbeit macht Ihnen Spaß und füllt Sie aus. Allerdings hat sich seit Antritt Ihres Jobs der Aufgabenbereich so ausgeweitet, dass Familienleben und Freizeit darunter leiden. Denn Ihr Verantwortungsbereich ist in der letzten Zeit sukzessive angewachsen. Nun stehen Sie vor einem Problem: Wie können Sie weniger tun, möglichst ohne Einbuße an Geld, an Macht oder an Status?

Fragen, die Sie sich stellen sollten

1. Welche Punkte sind es genau, die Sie als »zu viel« betrachten?
2. Läuft Ihre Karriere noch nach Plan?
3. Welche Aktivitäten (Freizeit, Familie) vermissen Sie am meisten?
4. Was bedeuten Ihnen Statussymbole?
5. Auf was könnten Sie am ehesten verzichten?
6. Wie könnte Ihre künftige Tätigkeit im Unternehmen aussehen?
7. Wer könnte Ihre abgegebenen Tätigkeiten übernehmen?
8. Wie könnten Sie Ihrem Vorgesetzten die Änderung »verkaufen«?

Tipps zu den Fragen

1. Ist es lediglich die Anzahl der Tätigkeiten, die Ihnen zu schaffen macht, oder sind es ganz spezifische Aktivitäten, die Sie gerne loswerden möchten? Versuchen Sie möglichst genau Ihre Neigungen zu definieren, festzustellen, wo Ihre Stärken liegen, und klarzustellen, welche Gebiete Sie weniger interessieren.
2. Befinden Sie sich noch im Zielkorridor Ihrer Karrierevorstellungen, oder machen Sie mittlerweile Dinge, die außerhalb Ihrer Wunschvorstellungen liegen? Überlegen Sie, wo Sie in fünf oder zehn Jahren stehen wollen.
3. Möchten Sie eher täglich mehr Zeit für Hobbys oder Familie nutzen können, oder ziehen Sie es vor, zusammenhängende Tage für Freizeitaktivitäten einzuplanen?
4. Machen Sie sich Gedanken, inwieweit Statussymbole Ihr Selbstwertgefühl stützen oder stürzen können. Dazu gehören unter anderem: Firmenwagen, reservierter Parkplatz, größeres Büro, Vorzimmer, VIP-Kantine oder ähnliche Differenzierungsmerkmale.
5. Wenn Ihnen Statussymbole wichtig erscheinen, dann sollten Sie sich Gedanken machen, auf welche Zeichen der Macht Sie am ehesten verzichten können, wenn eine solche Entscheidung auf Sie zukommt.
6. Stellen Sie sich vor, wie Ihre künftige Tätigkeit im Unternehmen aussehen könnte: als Fachvorgesetzter, als Berater, als Spezialist oder was immer in Ihrem Unternehmen denkbar und sinnvoll wäre.
7. Bei dieser Überlegung ergeben sich vielleicht neue Ansätze für eine Änderung der Organisation – hin zum Besseren. Erstellen Sie eine Liste mit den Stärken und Neigungen Ihrer Mitarbeiter (eine solche Übersicht sollte ohnehin jeder Chef aktualisiert griffbereit in der Schublade liegen haben). Beim Betrachten dieser Aufstellung entstehen automatisch neue Ideen, denn die Möglichkeiten und Chancen liegen tatsächlich vor Ihnen, vor Ihren Augen.
8. Ihr Wunsch nach Änderung bedeutet wahrscheinlich auch eine Änderung für Ihren Chef. Deshalb ist es wichtig, dass Sie sich in seine Lage hineinversetzen. Zeigen Sie ihm alternative Möglichkeiten und den Nutzen für

das Unternehmen auf. Helfen Sie ihm dabei, Ihr gemeinsames Problem zu lösen. Spätestens an dieser Stelle ist Ihre Kreativität als Führungskraft gefragt.

Zusammenfassung

Es gehört mehr Mut dazu, eine solche Entscheidung zu treffen, als an der bisherigen Situation festzuhalten. Wenn Sie sich von dem traditionellen Gedanken lösen können, dass Karrieren immer nur geradlinig nach oben verlaufen müssen, dann sind Sie bereits ein Stück weiter als Ihre Kollegen. Viele Firmen wären bedeutend erfolgreicher, wenn sie mehr horizontale Karrieren zuließen, wenn Know-how und Wünsche der Mitarbeiter zum Nutzen des Unternehmens stärker berücksichtigt würden.

☑ Checkliste

☐ **Welche Tätigkeiten möchte ich abgeben?**

1. ....
2. ....
3. ....

☐ **Welche Nachteile könnte diese Entscheidung für mich bringen?**

1. ....
2. ....
3. ....

☐ **Welche Vorteile könnten mir daraus erwachsen?**

1. ....
2. ....
3. ....

☐ Wie wichtig ist die Änderung (derzeit) für mich?

☐ Drücken Sie Ihre persönliche Gewichtung in Prozent aus (Summe maximal 100 Prozent)

Änderung 1: .... %
Änderung 2: .... %
Änderung 3: .... %

Literatur

- Sprenger, Reinhard K.: *Die Entscheidung liegt bei Dir! Wege aus der alltäglichen Unzufriedenheit*. Frankfurt/New York, 2004. Campus.

16

Ich will mehr delegieren – ohne Risiko

Aufgaben delegieren heißt: nicht mehr Personen oder Tätigkeiten zu überwachen, sondern nur noch Ergebnisse.

Das Problem

Sie haben das Gefühl, dass Ihnen für Ihre eigentlichen Führungsaufgaben zu wenig Zeit zur Verfügung steht. Sie kommen wenig oder gar nicht mehr dazu, über Problemlösungen oder künftige Entwicklungen nachzudenken. Manchmal vergleichen Sie Ihre Situation mit der eines Hamsters im Rad: Egal, wie schnell Sie sich bewegen, Sie kommen nicht vorwärts.

Fragen, die Sie sich stellen sollten

1. Arbeiten Sie bedeutend länger als Ihre Mitarbeiter?
2. Wie viel Prozent Ihres Tagespensums bleiben liegen?
3. Wie viel Zeit verbringen Sie mit Kontrollaufgaben?
4. Wie oft rufen Sie in der Firma an, wenn Sie außer Haus sind?
5. Können Sie mit gutem Gewissen Ihren Jahresurlaub nehmen?
6. Haben Sie manchmal das Gefühl, Sie erledigen Arbeiten, die andere genauso gut erledigen könnten?
7. Beklagen sich Ihre Mitarbeiter über langweilige Arbeit?
8. Hat Ihr Chef schon einmal angedeutet, Sie sollten mehr delegieren?
9. Was dürfen Sie nicht delegieren?

Tipps zu den Fragen

1. Wenn Sie mehr arbeiten als Ihre Mitarbeiter, dann bedeutet das, dass die zu erledigende Arbeit nicht gleichmäßig verteilt ist. Die notwendige

Folgerung daraus heißt, Tätigkeiten an die dafür geeigneten Mitarbeiter abzugeben. Besitzen die Mitarbeiter allerdings noch nicht die erforderliche Eignung, so ist es höchste Zeit, entsprechende Ausbildungsmaßnahmen einzuleiten.

2. Das ist eine ganz einfache Rechenaufgabe: Wenn jeden Tag 20 Prozent liegen bleiben, dann haben Sie am Freitagabend genügend Arbeit gesammelt für den folgenden Samstag. Schönes Wochenende!
3. Wenn Sie feststellen, dass ein Großteil Ihrer Zeit mit Kontrollaufgaben ausgefüllt ist, dann sollten Sie die Kontrolle dorthin verlegen, wo die Arbeit erledigt wird – nämlich zum Mitarbeiter. Nehmen Sie den Mitarbeitern nicht die Verantwortung für die Qualität ihrer Arbeit ab. Vermitteln Sie jedem Mitarbeiter, dass er für die Qualität seiner Arbeit haftet.
4. Ist es Ihnen nicht manchmal peinlich, wenn Sie auf Dienstreisen Ihre Abteilung per Handy fernsteuern müssen? Oder genießen Sie das Gefühl, vermeintlich unentbehrlich zu sein? Je weniger Tätigkeiten Sie abgeben, desto mehr werden Sie zum Sklaven des Telefons. Was machen Sie eigentlich, wenn Sie eines Tages ein Krankenhaus aufsuchen müssten? (Auf dem OP-Tisch herrscht Handy-Verbot!) Machen Sie sich bei jedem Anruf eines Mitarbeiters Gedanken, warum dieser Mitarbeiter auf Ihre Hilfe nicht verzichten konnte. Hatte er nicht die nötigen Informationen? Dann sorgen Sie für einen besseren Informationsfluss. Hatte er etwa Angst, eine Entscheidung zu treffen? Dann sorgen Sie für ein angstfreies Klima in Verbindung mit der Fähigkeit der Mitarbeiter, Entscheidungen auf der Basis gemeinsam festgelegter Kriterien zu treffen.
5. Sie sollten Ihren wohlverdienten Jahresurlaub genießen können, Kraft tanken können für die vor Ihnen liegenden Aufgaben. Wenn Ihre Abteilung nicht ohne Ihre helfende Hand auskommt, dann wird es Ihnen allerdings nicht gelingen, im Urlaub »die Seele baumeln zu lassen«.
6. An dieser Stelle sollten Sie sich fragen, warum Sie als hochbezahlte Führungskraft Arbeiten ausführen, die betriebswirtschaftlich sinnvoller von Mitarbeitern auf einer niedrigeren Gehaltsstufe verrichtet werden können.
7. Das ist doch ein willkommener Anlass, über das Delegieren nachzudenken. Geben Sie Arbeit schrittweise ab, bis Ihre Mitarbeiter Sie effektiv entlasten können.
8. Den Wink mit dem Zaunpfahl sollten Sie ernst nehmen, sonst zweifelt Ihr Chef zu Recht an Ihren Führungsfähigkeiten.

9. Auf keinen Fall delegieren dürfen Sie Kernaufgaben wie Personalthemen, Kontakte zu Ihrem Chef, Lob und Tadel von Mitarbeitern sowie Disziplinarmaßnahmen.

Zusammenfassung

Stellen Sie eine Liste Ihrer derzeitigen Tätigkeiten zusammen. Markieren Sie, was Sie an wen abgeben können. Notieren Sie auch, welche Maßnahmen erforderlich sind, damit die ausgewählten Mitarbeiter den Aufgaben auch gewachsen sind. Geben Sie den Mitarbeitern regelmäßig Rückmeldung, wie Sie mit ihren Leistungen zufrieden sind und an welchen Punkten noch Verbesserungsmöglichkeiten bestehen. Delegieren Sie ohne schlechtes Gewissen. Wenn Sie Zweifel haben, dann fangen Sie mit dem Delegieren auf Probe an und geben dann schrittweise ab. Wenn Sie delegieren, dann lassen Sie den Mitarbeiter auf seine Art und Weise die Aufgabe erledigen. Denken Sie daran: Wenn Sie Ihre Mitarbeiter fordern, dann fördern Sie auch gleichzeitig die Effektivität Ihrer Abteilung.

☑ Checkliste

Tätigkeit	Zeitaufwand	Delegieren an	Vorbereitende Maßnahmen
....	....	....	....
....	....	....	....
....	....	....	....
....	....	....	....
....	....	....	....

Literatur

- Goldfuß, Jürgen W.: *Endlich Chef – was nun? Was Sie in der neuen Position wissen müssen.* Frankfurt/New York, 2006. Campus.

17

Manchmal habe ich meine Gefühle nicht im Griff

Wer sich ärgert, büßt für die Sünden anderer.

Das Problem

Eigentlich sind Sie ein friedfertiger Mensch. Aber es gibt Momente, bei denen könnten Sie tatsächlich aus der Haut fahren. Zum Beispiel, wenn man Sie unfair angreift, Ihnen ungerechtfertigte Vorwürfe macht, Sie anschreit oder Ihnen Fehler vorwirft, für die Sie gar nicht verantwortlich sind. Aber warum ärgern Sie sich eigentlich, wenn andere Menschen Fehler machen? Oder erleben Sie etwa Lustgefühle, wenn Sie sich aufregen? Als Profi sollten Sie Ihre Gefühle immer im Griff haben, denn Sie wissen um Ihre Vorbildfunktion.

Fragen, die Sie sich stellen sollten

1. Über welche Dinge ärgern Sie sich besonders?
2. Über welche Personen ärgern Sie sich besonders?
3. Geht es Ihnen nach Ihrem »Ausbruch« besser?
4. Was sagen Ihre Kollegen oder Mitarbeiter zu Ihren Ausbrüchen?
5. Wie reagieren Sie auf Choleriker?
6. Trägt Ihr Verhalten zur Problemlösung bei?

Tipps zu den Fragen

1. Überlegen Sie genau, was Sie besonders ärgert. Was war der letzte Anlass? War das Thema eine Aufregung »wert«? Analysieren Sie, wie groß

Ihre »Schuld« an dem Vorfall war und ob Sie nicht im Vorfeld bereits etwas zur Problemlösung hätten tun können.

2. Häufig kommen wir sehr schnell in Konflikt mit Personen, die dieselben »Schwachstellen« aufweisen wie wir selber. Unsere eigenen Fehler oder Unzulänglichkeiten werden uns quasi wie in einem Spiegel präsentiert. Und schon sehen wir ein »Feindbild« vor uns, das wir glauben bekämpfen zu müssen. Prüfen Sie selbstkritisch, warum Sie etwas an einer anderen Person stört.

3. Wenn Sie sich nach Ihrem »Ausbruch« besser fühlen, dann mag das sehr gut für Ihr Wohlbefinden sein, aber bestimmt nicht für Ihr Umfeld. Denn wenn Sie lospoltern, hinterlassen Sie Spuren im Gedächtnis Ihrer Zuhörer. Suchen Sie sich weniger störende Methoden der Entspannung: zum Beispiel langsam bis zehn (oder im Notfall bis 30) zählen, tief durch die Nase ein- und durch den Mund ausatmen. Denken Sie an etwas Angenehmes, vergessen Sie für einen Moment Ihre Umwelt, denn »die Gedanken sind frei«.

4. Vermutlich spricht Sie niemand auf das Thema an. Man wundert sich nur und schüttelt den Kopf. Bei jedem Ausbruch verlieren Sie Sympathiepunkte, bis Sie irgendwann als Choleriker abgestempelt sind. Mit Ihrem unplanbaren Verhalten verprellen Sie jeden wohlmeinenden Kollegen. Vielleicht bringen Ihre Kollegen Sie auch »gezielt zur Explosion«, um Ihren Unterhaltungswert zu genießen?

5. Wahrscheinlich stört es Sie selbst, wenn Sie Menschen treffen, die wie Sie aus der Haut fahren. Was würden Sie diesen Personen raten? Vermutlich: souverän bleiben. Ein Chef sollte sich immer unter Kontrolle haben, würden Sie ihnen empfehlen. Wir empfehlen Ihnen, die nachfolgende Checkliste regelmäßig zu beachten – bis Sie ein solches Hilfsmittel nicht mehr benötigen.

6. Ihr Verhalten trägt wohl kaum zur Problemlösung bei. Also ändern Sie sofort Ihr Verhalten, egal welche Vorbilder Sie im Elternhaus oder im Unternehmen erlebt haben. Ihre Aufgabe ist es, Probleme zu lösen – und nicht zu vertiefen.

Zusammenfassung

Sich ärgern löst keine Probleme, sondern schafft nur neue für Sie und Ihr Umfeld. Professionelle Gelassenheit und die Frage »Worum geht es eigentlich?« sind für die Lösung eines Problems sinnvoller und produktiver als emotionale Ausbrüche.

☑ Checkliste

Immer dran denken:

- ☐ Bleiben Sie ruhig, egal, was passiert.
- ☐ Versetzen Sie sich in die Lage Ihres Gegenübers, vielleicht verdient er eher Mitleid.
- ☐ Stellen Sie Fragen, die Ihr Gegenüber nicht in die Defensive bringen.
- ☐ Denken Sie daran, dass nur Sie entscheiden, ob Sie sich ärgern wollen oder nicht.
- ☐ Entspannen Sie sich, atmen Sie tief durch.
- ☐ Nehmen Sie alles nicht so furchtbar ernst, lächeln Sie.
- ☐ Denken Sie daran: Morgen geht die Sonne trotzdem wieder auf.
- ☐ Sie werden nicht dafür bezahlt, dass Sie sich aufregen, sondern dafür, dass Sie Probleme lösen.
- ☐ Finden Sie heraus, worum es wirklich geht.

Literatur

- Seiwert, Lothar J., Gay, Friedbert: *Das neue 1x1 der Persönlichkeit*. München, 2004. Gräfe und Unzer.
- Sprenger, Reinhard K.: *Die Entscheidung liegt bei dir! Wege aus der alltäglichen Unzufriedenheit*. Frankfurt/New York, 2004. Campus.

18

Mein Gehalt wird gekürzt

Was man nicht aufgibt,
hat man nicht verloren.

Das Problem

Man hat Ihnen angekündigt, dass Ihr Gehalt in Zukunft reduziert wird. Eine für Sie ganz neue Situation, denn seit Sie im Berufsleben stehen, ging es finanziell immer bergauf. Egal, ob Sie die finanzielle Einbuße verkraften können oder nicht, Sie stehen nun vor der Entscheidung, ob Sie die Änderung akzeptieren – oder nicht.

Fragen, die Sie sich stellen sollten

1. Betrifft die Kürzung nur Sie persönlich, Ihre Abteilung oder das ganze Unternehmen?
2. Liegt die Ursache für die Kürzung in Ihrer persönlichen Leistung begründet?
3. Liegt die Kürzung in der wirtschaftlichen Situation Ihres Unternehmens oder gar der Branche begründet?
4. Ist die Kürzung zeitlich befristet?
5. Können Sie den finanziellen Einschnitt verkraften?
6. Wie sehen Ihre Chancen auf dem Arbeitsmarkt aus?
7. Wie sieht Ihre Verhandlungsposition im Unternehmen aus?

Tipps zu den Fragen

1. Wenn die Kürzung das gesamte Unternehmen betrifft, stellt sich die Frage, ab wann der alte Zustand wiederhergestellt werden kann. Trifft die Kürzung die ganze Abteilung, dann sollten Sie für eine bessere Wirtschaftlichkeit Ihres Bereichs sorgen. Sind nur Sie persönlich von der Kürzung betroffen, dann lassen Sie sich die exakten Gründe in einem detaillierten Gespräch nennen.
2. Ist Ihre Leistung Auslöser für die Kürzung, dann ist der Vorgang für Sie wahrscheinlich nicht überraschend, denn die Erwartungen an Sie waren Ihnen ja bekannt und die Gehaltskürzung damit als Konsequenz abzusehen. Erstellen Sie mit Ihrem Vorgesetzten einen Aktionsplan, in dem sichergestellt wird, dass Sie die erwartete Leistung auch erbringen können.
3. Sind die Gründe für die Kürzung in der gesamtwirtschaftlichen Situation des Unternehmens oder der Branche zu suchen, dann sollten Sie sich Informationen über die künftige wirtschaftliche Entwicklung beschaffen, sie analysieren und einen eventuellen Wechsel in zukunftsträchtigere Bereiche geistig vorbereiten.
4. Handelt es sich bei der Kürzung um eine zeitlich befristete Maßnahme, dann sollten mündliche Zusagen umgehend schriftlich fixiert werden. Denn Sie geben Ihren Anspruch auf ein angemessenes Gehalt ja nicht auf, sondern Sie lassen ihn nur für einen befristeten Zeitraum ruhen.
5. Wenn Sie mit der finanziellen Einbuße leben können – schön für Sie. Entstehen durch den Schritt gravierende finanzielle Probleme, dann prüfen Sie, ob sich durch zusätzliche Tätigkeiten (vielleicht auch im eigenen Unternehmen) ein Nebenverdienst ergeben kann. Die Alternative wäre im Ernstfall der Wechsel zu einem besser bezahlenden Unternehmen.
6. Prüfen Sie realistisch Ihre Chancen auf dem Arbeitsmarkt, indem Sie Ihr Know-how und Ihre Erfahrungen objektiv beurteilen. Arbeiten Sie mit Hochdruck an bestehenden Mängeln, um für einen Wechsel besser gerüstet zu sein.
7. Resignieren Sie nicht vorschnell. Wenn Ihnen Ihre Tätigkeit gefällt, dann versuchen Sie jetzt im Ausgleich für die Einbuße, andere Punkte zu ver-

handeln, die für Sie ebenfalls wichtig sind. Vielleicht gibt es Punkte, die für Ihr Unternehmen derzeit leichter finanzierbar sind. Das könnten zum Beispiel Weiterbildungsmaßnahmen oder Trainings sein, die Ihnen mittelfristig in Ihrer Karriereplanung weiterhelfen.

Zusammenfassung

Analysieren Sie in einer solchen Situation objektiv die betriebswirtschaftliche Seite einer Gehaltskürzung. Lassen Sie sich nicht von gekränktem Stolz oder verletzter Eitelkeit den Blick trüben. Vielleicht können Sie die Situation sogar nutzen, um eine leistungs- oder erfolgsabhängige Vergütung zu vereinbaren.

☑ Checkliste

- ☐ Welche Punkte sprechen für die Annahme der Kürzung?
- ☐ Welche Punkte sprechen gegen die Annahme der Kürzung?
- ☐ Meine Entscheidung: ....

....

....

....

Literatur

- Sprenger, Reinhard K.: *Die Entscheidung liegt bei Dir! Wege aus der alltäglichen Unzufriedenhei*. Frankfurt/New York, 2004. Campus.

19

Ich fühle mich unwohl, wenn ich nichts zu tun habe

Die Friedhöfe sind voll von
unentbehrlichen Menschen.

Das Problem

Vor ein paar Tagen fiel Ihnen auf, dass Sie trotz verlängerter Ladenöffnungszeiten keine Zeit finden, Ihr Geld auszugeben. Es gibt einfach dauernd zu viel zu tun im Unternehmen, und das bisschen Freizeit, das Ihnen noch übrig bleibt, ist mit sozialen Verpflichtungen voll ausgefüllt und ausgebucht. Schön, wenn in Ihrem Leben keine Langeweile aufkommt. Auf der anderen Seite wäre es aber auch schön, wenn Sie ein wenig mehr Freizeit im eigentlichen Sinne des Wortes zur Verfügung hätten.

Fragen, die Sie sich stellen sollten

1. Wurden Sie von Ihrer Familie oder Ihrem Bekanntenkreis schon öfter darauf angesprochen, dass man Sie zu selten sieht?
2. Werden Sie unruhig, wenn Sie mal nichts tun?
3. Nehmen Sie sich genügend Zeit, um für Ihre Gesundheit zu sorgen?
4. Denken Sie auch außerhalb des Büros dauernd an Ihre Arbeit?
5. Können Sie entspannt in Urlaub fahren, oder denken Sie bereits vorher an die Zeit nach der Rückkehr?
6. Verbreiten Sie ein Gefühl der permanenten Unruhe?

Tipps zu den Fragen

1. Wenn Sie von Ihrem engsten familiären Umfeld auf Ihre häufige Abwesenheit angesprochen werden, dann sollten alle Alarmglocken klingeln. Natürlich gibt es immer wieder Situationen, die eine verstärkte Präsenz am Arbeitsplatz erfordern. Umso wichtiger ist es anschließend, sich verstärkt seinen privaten Kontakten zu widmen. Viele Krisensituationen im privaten Bereich entstehen dadurch, dass man sich nicht die Zeit nimmt, auch mal über Kleinigkeiten oder Nichtigkeiten zu reden. Zu den Anforderungen an eine Führungskraft gehört es, Prioritäten zu setzen – und das nicht nur im geschäftlichen Bereich.
2. Fleiß ist eine Eigenschaft, die in unserer Gesellschaft ganz hoch bewertet wird. So weit, so gut. Bedenklich wird die Situation dann, wenn Sie immer etwas tun müssen, weil Sie nicht anders können. Sie werden bald Ihre Mitgliedschaft im Verein der Anonymen Arbeitssüchtigen (AAS) beantragen, denn Sie zeigen die typischen Workaholic-Syndrome. Sich nur noch über die Arbeit zu identifizieren und darstellen zu können, ist ein sicheres Indiz für die Krankheit.
3. Zum Ausgleich für Ihre Tätigkeit am Arbeitsplatz sind sportliche Aktivitäten wichtig für den Erhalt Ihrer körperlichen und geistigen Fitness. Aber auch hier sollten Sie Ihren übermäßigen Fleiß bremsen, denn wenn Sie Ihren sportlichen Ehrgeiz nicht im Griff haben, dann werden Sie alle Aktivitäten zu »100 Prozent« ausführen. Üben Sie sich in Lockerheit, bevor Sie Ihnen vom Arzt verschrieben wird.
4. Schön, wenn Sie dauernd um das Wohl des Unternehmens besorgt sind. Aber wenn Ihre Gedanken dauernd auf denselben Punkt fokussiert sind, dann sind Sie in der Gefahr, sich zu verkrampfen und Probleme nur aus einem Blickwinkel zu sehen. Loslassen können, das müssen Sie jetzt erreichen. Nutzen Sie Entspannungstechniken, egal, welche Sie einsetzen. Entscheidend ist, dass die jeweilige Methode bei Ihnen funktioniert.
5. Genießen Sie Ihren wohlverdienten Urlaub. Schalten Sie bereits vorher ab, indem Sie sich intensiv mit den geplanten Aktivitäten am Urlaubsort beschäftigen. Spätestens jetzt rächt es sich, wenn Sie nicht vorausschauend für eine Vertretung gesorgt haben. Sie sind nicht unentbehrlich, auch wenn man solche Worte auf Trauerfeiern immer wieder hört.

6. Kennen Sie Menschen, die eine Aura der Unruhe um sich herum verbreiten, oft sogar bevor sie den Raum betreten haben? Arbeiten Sie gerne mit solchen Menschen? Nein? Ihre Mitarbeiter wahrscheinlich auch nicht. Fragen Sie doch einmal Ihre Mitarbeiter, falls Sie so ein Unruhestifter sind, wie sie Ihnen helfen könnten, mehr Ruhe und Balance in Ihr Leben zu bringen.

Zusammenfassung

Beim Autofahrern reduzieren Sie die Geschwindigkeit oder bremsen sogar herunter, wenn Sie eine Engpasssituation auf sich zukommen sehen. Warum tun Sie das nicht in Ihrem Leben? Wenn die Sicht wieder klar ist, können Sie jederzeit wieder beschleunigen.

☑ Checkliste

Bin ich arbeitssüchtig?

- ☐ Denken Sie dauernd an Ihre Arbeit, auch in Ihrer Freizeit?
- ☐ Gehen Sie alles mit extremem Ehrgeiz an, auch Ihre sportlichen Aktivitäten?
- ☐ Haben Sie ein schlechtes Gewissen, wenn Sie nicht hart arbeiten?
- ☐ Unterschätzen Sie die Zeitdauer von Projekten?
- ☐ Hat Ihr privates Umfeld aufgegeben, mit Ihrem pünktlichen Erscheinen zu rechnen?
- ☐ Machen Sie auch aus Ihren Hobbys Geld?
- ☐ Begeistert Sie Ihre Arbeit mehr als private Themen?
- ☐ Nehmen Sie Arbeit mit ins Bett, in den Urlaub, ins Wochenende?
- ☐ Vermeiden Sie Kontakt mit Menschen, für die außer der Arbeit auch noch andere Punkte sehr wichtig sind?

- ☐ Erstellen Sie dauernd Listen über Dinge, die noch zu erledigen sind?
- ☐ Haben Sie chronische Kopfschmerzen, Rückenschmerzen, hohen Blutdruck, Magengeschwüre, Depressionen? Finden Sie, gemeinsam mit Ihrem Arzt, die Ursachen heraus.

Literatur

- Ellis, A.: *Training der Gefühle. Wie Sie sich hartnäckig weigern, unglücklich zu sein.* München, 2007. mvg Verlag.
- Seiwert, Lothar J.: *Wenn du es eilig hast, gehe langsam. Mehr Zeit in einer beschleunigten Welt.* Frankfurt/New York, 2008. Campus.

20

Ich glaube, ich brauche einen Mentor oder einen Coach

Wer glaubt, etwas zu sein,
hat aufgehört, etwas zu werden.

Das Problem

In letzter Zeit häufen sich die Situationen, in denen Sie gerne mit einem anderen Menschen über Punkte gesprochen hätten, die Sie an Ihrem Arbeitsplatz beschäftigen. Manchmal benötigen Sie vielleicht einen konkreten Rat, ein anderes Mal den konstruktiven Austausch oder auch einfach sinnvolle Unterstützung. Ihr Chef ist nicht die richtige Person für ein solches Gespräch, ebenso wenig Ihre Mitarbeiter, und von Ihrem privaten Umfeld erwarten Sie auch keine sinnvollen Anregungen zu dem Thema. Sie hören immer wieder die Begriffe Coaching und Mentoring und fragen sich: Könnte mir das helfen?

Fragen, die Sie sich stellen sollten

1. Bei welchen Themen benötigen Sie Unterstützung oder Tipps?
2. Wer aus dem Kollegenkreis könnte Ihnen dabei helfen?
3. Ist es sinnvoller, jemanden von außerhalb des Unternehmens einzuschalten?
4. Wie viel Zeitaufwand müssen Sie für die Unterstützung einplanen?
5. Was können Sie von dieser Art Unterstützung erwarten?

Tipps zu den Fragen

1. Listen Sie die Punkte auf, bei denen Ihnen Unterstützung geholfen hätte. Notieren Sie, wer für eine Unterstützung in Frage gekommen wäre. Machen Sie sich Gedanken, wie die Unterstützung hätte aussehen sollen. Fragen Sie sich, was Sie konkret an Tipps oder Maßnahmen erwartet hätten.
2. Bei der Beantwortung von Frage 1 sind Ihnen bestimmt einige Kollegen eingefallen, die Ihnen bei bestimmten Themen hätten helfen können. Vielleicht gibt es auch ehemalige Kollegen, die ihr ehemaliges Insiderwissen gerne weitergeben. Voraussetzung ist, dass Ihr Betreuer ein guter Zuhörer ist, sich ganz zurücknehmen kann, gerne hilft, Vertraulichkeit wahrt und ausreichend Fachkompetenz besitzt, um Ihnen weiterhelfen zu können.
3. Hier ist zu unterscheiden zwischen einem Mentor und einem Coach. Der Mentor ist eher als der »väterliche Freund« zu betrachten, der aus seinem beruflichen Erfahrungsschatz heraus einem »Junior« weiterhilft. Den Mentor werden Sie in der Regel eher im eigenen Haus finden, wogegen der Coach fast immer von außerhalb kommt. Das heißt, eigentlich kommen Sie zum Coach, denn hier handelt es sich um eine Beratungsdienstleistung, die meist in externen Räumen stattfindet. Der Coach ist kein Fachmann auf Ihrem Gebiet, er ist Fachmann auf dem Gebiet der Persönlichkeitsentwicklung. Er stellt Ihnen eine Menge Fragen, ohne Ihnen Antworten zu liefern. Er möchte bei Ihnen mit den Fragen Denkprozesse in Gang setzen und Sie dazu anregen, neue Sichtweisen zu entdecken.
4. Hier gibt es keine allgemeingültige Antwort – außer: »Das hängt davon ab«. Während beim Mentoring eher gelegentliche Tipps ausreichen, werden beim Coaching gemeinsam die zu erreichenden Ziele festgelegt und daraus der erforderliche Zeitrahmen abgeleitet.
5. Beim Mentoring können Sie möglichst konkrete Tipps erwarten, die Ihnen in Ihrer täglichen Arbeit helfen (vorausgesetzt, der Mentor kennt Ihr Arbeitsgebiet genau). Beim Coaching geht die Unterstützung wesentlich weiter. Während der Mentor Sie eher zu einem »besseren Chef« macht, zielt der Coach darauf hinaus, Sie zu einem »besseren Menschen« zu machen.

Zusammenfassung

Während dem Coaching vor Jahren noch der Ruf des »Reparaturbetriebes für Versager« vorauseilte, ist es heute beinahe schick geworden, sich coachen zu lassen. Die steigende Anzahl der professionellen Coaches zeigt, dass es einen großen Markt für diese Dienstleistung gibt. Natürlich können Sie sich auch in Ihrem privaten Umfeld einen nicht professionellen Coach suchen. Inwieweit Sie dessen Ratschläge und Vorschläge übernehmen, liegt in Ihrem Ermessen. Egal, welcher Dienstleistung Sie sich bedienen, die nötigen Veränderungen müssen Sie selbst durchführen – wollen.

☑ Checkliste

Mein Ziel

- [ ] Ich möchte mit dem Coaching folgendes erreichen: ....
....

Mein Zeitplan

- [ ] Ich möchte die folgenden Teilziele erreicht haben bis zum: ....
....

Meine Messlatte für die Zielerreichung:

- [ ] Kontrolle und Beurteilung durch: ....
....

Literatur

■ Miedaner, Talane: *Coach dich selbst, sonst coacht dich keiner. 101 Tipps zur Verwirklichung Ihrer beruflichen und privaten Ziele*. München, 2005. mvg Verlag.

21

Ich will immer auf dem neuesten Stand der Dinge sein

Jede Erkenntnis hat ein Verfallsdatum.

Das Problem

Die Halbwertszeit unseres Wissens sinkt ständig. Täglich werden Unmengen neuer Daten nicht nur produziert, sondern auch transportiert. Seien es neue Gesetze und Vorschriften, technische Anweisungen und Aktualisierungen, neue Fachartikel – die Datenflut wächst ständig. Sie befürchten, zu viel Zeit für die Aufnahme neuen Wissens investieren zu müssen oder sogar das falsche Wissen aufzunehmen. Wie sollten Sie vorgehen?

Fragen, die Sie sich stellen sollten

1. Bei welchen Themen stellten Sie in letzter Zeit fest, dass Ihnen aktuelles Wissen fehlt?
2. Welche Themen werden für Sie immer wichtiger?
3. Welche Informationskanäle nutzen Sie heute bereits?
4. Gehen Sie systematisch bei der Wissensgewinnung vor?
5. Wie können Sie Ihre Mitarbeiter für Ihre Wissensgewinnung nutzen?

Tipps zu den Fragen

1. Listen Sie die Themen auf, bei denen Sie in den vergangenen Wochen Wissensmängel feststellten, bei denen Ihre Mitarbeiter Sie aufklären mussten. Handelte es sich dabei um Detailwissen oder um allgemeines

Wissen? Als Führungskraft müssen Sie sich davor hüten, alle Details wissen zu wollen. Dafür sind Ihre Mitarbeiter da. Sie sollten aber alle wesentlichen Zusammenhänge aktuell beurteilen können, um in der Lage zu sein, Kontroll- und Überprüfungsfragen zu stellen.

2. Im Laufe der Zeit gewinnen manche Themen an Bedeutung, andere werden weniger wichtig. Notieren Sie sich einmal in zwei Spalten, welche Themen für Sie immer bedeutsamer werden und bei welchen Sie auf Aktualisierungen eher verzichten können.
3. Listen Sie die Kanäle auf, über die Sie heute Ihre Informationen gewinnen: Tageszeitungen, Fachzeitschriften, Wirtschaftszeitungen, Bibliotheken, Verbandsnachrichten, Internet und weitere Quellen, die für Sie relevant sind. Als Führungskraft ist in erster Linie Ihre Führungsfähigkeit gefordert, konzentrieren Sie deshalb Ihre Wissensaufnahme weniger auf Fachthemen als auf Themen, die Ihnen im Führungsgeschäft weiterhelfen können.
4. Prüfen Sie, nach welcher Systematik Sie Ihre Informationen verarbeiten. Lesen Sie alles, wie es Ihnen gerade vor die Augen kommt, oder haben Sie ein System entwickelt, um sich effektiv und zeitsparend weiterzubilden? Eine sehr effektive Methode ist zum Beispiel die Nutzung von persönlichen Suchprofilen in Internetsuchmaschinen.
5. Lassen Sie Ihre Mitarbeiter wechselseitig ab und zu ein Referat zu einem für die Abteilung wichtigen Thema ausarbeiten. Die verdichteten Erkenntnisse können dann während eines Teammeetings vorgetragen werden. Dadurch muss nicht jeder eigene Such- und Lesezeit investieren, gleichzeitig verbessern Ihre Mitarbeiter die Fähigkeit, anderen Menschen Informationen zu vermitteln.

Zusammenfassung

Überprüfen Sie regelmäßig Ihren derzeitigen und künftigen Informationsbedarf. Arbeiten Sie ständig an Ihrem Wissensmanagement. »Was Hänschen gelernt, braucht Hans nimmermehr«. Trennen Sie sich von allem, was Sie in Ihrer künftigen Entwicklung behindert. Werfen Sie die Informationen weg, die Sie aller Voraussicht nach nicht mehr benötigen. Beobachten Sie Trends, um künftig gefordertes Wissen rechtzeitig parat zu haben.

22

Ich leide unter starkem Stress

Inschrift auf einem Grabstein:
Ich hatte dies erwartet, doch nicht so bald.

Das Problem

Manchmal wissen Sie nicht, wo Ihnen der Kopf steht. Besprechungen, Probleme mit Mitarbeitern, Kundenreklamationen – alle wollen dauernd etwas von Ihnen. Ihre Mittagspause wird immer kürzer, dafür suchen Sie immer häufiger »Entspannung« mit Zigaretten oder »beflügelnden« Getränken. Sie verlieren immer schneller die Geduld, wachen nachts öfter auf und fragen sich manchmal, ob das der Sinn des Lebens sei. Ihre Bekannten sagten letztens etwas von Managerkrankheit und zu viel Stress. Nun, Stress ist eigentlich keine schlechte Reaktion des Körpers auf äußere Einflüsse. Stress hält den Körper »am Laufen«. Der Stress vor dem ersten Rendezvous oder das Kribbeln im Bauch vor einer öffentlichen Rede sind keine krankmachenden Symptome. Der Stress, der Ihnen allerdings zu schaffen macht, ist auf Dauer gefährlich, ja sogar bedrohend. Aber was sollen Sie tun?

Fragen, die Sie sich stellen sollten

1. Seit wann haben Sie das Gefühl, unter Stress zu leiden?
2. Wie viel Freizeit stellen Sie sich zur Verfügung?
3. Wird sich Ihre derzeitige Situationen in absehbarer Zeit ändern?
4. Können Sie 30 Minuten aus dem Fenster schauen, ohne etwas dabei zu tun?
5. Welche Alternativen zur derzeitigen Situation können Sie sich vorstellen?
6. Wen machen Sie eigentlich für Ihren Stress verantwortlich?

Tipps zu den Fragen

1. Finden Sie heraus, seit wann Sie Stress empfinden. Analysieren Sie mögliche Gründe für die Situation. Sind es neue Aufgaben, die man Ihnen übergeben hat, ist es mehr Verantwortung, die Sie tragen, haben sich in Ihrem privaten Bereich stressfördernde Punkte ergeben, oder was hat sich gegenüber früher geändert? Ohne etwas über die Auslöser zu wissen, ist es unmöglich, Ihre Stresssituation zu verändern.
2. Versuchen Sie sich zu erinnern, wie viel Freizeit (Zeit zu Ihrer freien persönlichen Verfügung) Sie sich in den vergangenen zwei Monaten zubilligten. Machen Sie einen Plan für die Zukunft. Auf wie viel Freizeit werden Sie pro Tag oder Woche künftig bestehen? Fordern Sie diese Zeit ein. Nutzen Sie Ihre Freizeit, um auf andere Gedanken zu kommen. Sorgen Sie dafür, dass Ihr Körper in Bewegung kommt. Lösen Sie sich aber dabei von dem Zwang, auch in der Freizeit Höchstleistungen erbringen zu müssen.
3. Wenn Sie unter Punkt 1 festgestellt haben, warum Sie unter Stress stehen, dann können Sie jetzt abschätzen, ob sich die Situation in Zukunft ändern wird. Prüfen Sie dann kritisch, welche Ihrer derzeitigen Aktivitäten Sie delegieren können, welche Aktivitäten Sie reduzieren können und welche Aktivitäten Sie ohne größere Probleme ganz einfach wegfallen lassen können.
4. Wenn Sie diese Frage mit »ja« beantworten können, mal ohne schlechtes Gewissen nichts tun können, dann dürfte Ihnen Stress wenig ausmachen. Haben Sie aber das Gefühl, dass Sie in diesen 30 Minuten unbedingt etwas Wichtigeres machen müssten, dann sollten Sie ein Seminar besuchen, auf dem Ihnen wieder beigebracht wird, einfach mal »faul« sein zu können. Denn Stress entsteht nur in Ihrem eigenen Kopf, sonst nirgendwo. Wenn Sie in der Lage sind, Abstand zu gewinnen und zu erkennen, dass außer Ihrer täglichen Hektik das Leben noch andere Facetten bietet, dann sind Sie auf dem richtigen Weg.
5. Spielen Sie einmal verschiedene Alternativen durch, wie Sie Ihre Situation verbessern könnten. Denken Sie dabei über den Tellerrand hinaus, ziehen Sie auch Alternativen außerhalb des Unternehmens in Betracht.
6. Seien Sie doch ehrlich: Zum Stress zwingt Sie niemand, außer Sie sich selbst. Wo steht denn geschrieben, dass Sie sich aufregen müssen, wenn

etwas schief läuft, wenn ein Termin nicht eingehalten wird, wenn jemand Sie unpassend anspricht? Denken Sie doch die möglichen Probleme einmal vorher durch, entwickeln Sie Alternativen. Wenn dann eine unangenehme Situation auf Sie zukommt, wissen Sie ja bereits, was Sie tun werden. Machen Sie sich als Führungskraft nicht lächerlich, indem Sie über Stress klagen, indem Sie Mitleid suchen wegen Ihrer »Managerkrankheit«. Auch wenn sich vielleicht Ihr Chef in dieser Jammerrolle wohlfühlt, in diesem Punkt sollte er keine Vorbildrolle abgeben. Wer unter Stress leidet, ist nicht in der Lage, sich zu kontrollieren – und alleine deshalb schon nicht für eine Führungsposition geeignet.

Zusammenfassung

Da Stress eine selbstgemachte »Krankheit« ist, kann man das Stressproblem auch selbst beseitigen, vorausgesetzt, die Bereitschaft dazu ist tatsächlich vorhanden. Wichtig ist, die Ursachen eindeutig benennen zu können. Nur dann sind Sie in der Lage, entsprechende Maßnahmen selbst einzuleiten. Jedes Magengeschwür hat eine Vorgeschichte. Lassen Sie es nicht so weit kommen.

Stress entsteht durch:

- mangelnden Überblick über sein Umfeld,
- unzureichendes Vorausschauen,
- zu geringe Unterstützung durch den Vorgesetzten,
- Übergangenwerden bei einer Beförderung,
- Unsicherheit des Arbeitsplatzes,
- Probleme in der Beziehungen zu Kollegen oder Vorgesetzten,
- Überforderung im Job (Qualifikation reicht nicht aus),
- Organisatorische Änderungen,
- fehlende Möglichkeit, an Entscheidungen mitzuwirken,
- Änderung der Leistungsanforderungen,
- Probleme im Partnerbereich,
- Zeit- und Termindruck.

Checkliste

- [ ] Delegieren Sie so viel wie möglich?
- [ ] Schätzen Sie den Zeitaufwand für bestimmte Tätigkeiten realistisch ein?
- [ ] Verschieben Sie Prioritäten ohne zwingenden Grund?
- [ ] Benutzen Sie alle technischen Hilfsmittel, um vermeidbaren Aufwand zu reduzieren?
- [ ] Sprechen Sie Ihre Probleme offen mit einer Person Ihres Vertrauens an?
- [ ] Lesen Sie gelegentlich mal ein Buch über ein ganz neues Thema, vielleicht aus einem anderen Kulturkreis?
- [ ] Besuchen Sie ab und zu ein Krankenhaus, um sich der Verantwortung für Ihre eigene Gesundheit bewusst zu werden? Um sich bewusst zu machen, was auf Sie zukommen könnte, wenn Sie so weitermachen?
- [ ] Setzen Sie sich hin und wieder auf eine Bank an einer Haltestelle, beobachten Sie »Gestresste« und lächeln Sie dabei (über sich und die anderen)?
- [ ] Nehmen Sie alles zu ernst?

Literatur

- Conen, Horst: *Sei gut zu dir, wir brauchen dich. Vom besseren Umgang mit sich selbst.*. Frankfurt/New York, 2005. Campus
- Seiwert, Lothar J.: *Wenn du es eilig hast, gehe langsam. Mehr Zeit in einer beschleunigten Welt.* Frankfurt/New York, 2008. Campus.

Projektmanagement

23 Ich muss alle Termine einhalten

Die Uhr schlägt – alle.

Das Problem

Warum nur ist der Tag so kurz? Mitarbeitergespräche, Termine beim Chef, Telefonate, Meetings und immer wieder unvorhergesehene Störungen geben Ihnen mittlerweile das Gefühl, dass Sie sich wie ein Hamster im Rad zwar schneller bewegen, aber nicht richtig vorwärts kommen. Kaum haben Sie ein Thema abgeschlossen, schon tauchen dafür zwei neue auf. Wie können Sie Ihre Zeit besser in den Griff bekommen?

Fragen, die Sie sich stellen sollten

1. Was gehört zu Ihren Kernaufgaben?
2. Welche Ihrer Tätigkeiten gehören nicht zu Ihren Kernaufgaben?
3. Von wem erhalten Sie die ungeplanten Aufgaben?
4. Wie sieht Ihre Manpower-Planung aus?
5. Haben Sie Ihre Zeitplanung vor Augen?

Tipps zu den Fragen

1. Analysieren Sie, was zu Ihren Kernaufgaben gehört – und was sich mittlerweile als wichtig eingeschlichen hat. Vielleicht haben Sie manche Aufgabe nur temporär übernommen, und nun gehört sie zu Ihrem Standardrepertoire. Denken Sie daran, dass Sie nur nach dem beurteilt und gemessen werden, was in Ihrer Zielvorgabe oder Stellenbeschreibung definiert wurde.

2. Überlegen Sie genau, was nicht zu Ihren Kernaufgaben gehört, und trennen Sie sich von diesen Aktivitäten. Natürlich gibt es viele wichtige Dinge in einem Unternehmen, die auch erledigt werden müssen. Aber warum gerade von Ihnen?
3. Prüfen Sie, woher die ungeplanten Aufgaben kommen. Ist diese Stelle eigentlich befugt, Ihnen Weisungen zu erteilen? Wenn nein, lehnen Sie einfach ab. Wenn ja, vereinbaren Sie einen neuen Zeit- oder Ressourcenplan.
4. Kontrollieren Sie, wie viele Mannstunden Ihnen zur Verfügung stehen, um die anstehenden Aufgaben zu bewältigen. Wenn Sie von Anfang an mit zu wenig Ressourcen operieren müssen, dann ist nicht nur der Zeitplan wahrscheinlich unhaltbar, sondern Sie werden auch viel mehr Zeit in die Koordination der zu knappen Ressourcen stecken müssen, Zeit, die Ihnen an anderer Stelle wieder fehlt.
5. Stellen Sie sicher, dass gut sichtbar an der Wand ein Netzplan angebracht wird, der Ihnen Zeiten, Aktivitäten und Verknüpfungen deutlich vor Augen führt. »Aus den Augen, aus dem Sinn«, deshalb die stete Erinnerung an das, was zu erledigen ist.

Zusammenfassung

Mit einer grafischen Darstellung der zu erledigenden Aktivitäten erreichen Sie, dass die einzelnen Zeitpunkte tatsächlich vor Augen sind. Delegieren sie konsequent, nehmen Sie Aufgaben nicht an, die nicht zu Ihrem direkten Arbeitsbereich gehören.

☑ Checkliste

- ☐ Kommunizieren Sie eindeutig?
- ☐ Können Sie »nein« sagen?
- ☐ Können Sie den Zeitaufwand einer Tätigkeit realistisch einschätzen?

- [ ] Versuchen Sie, zu viel gleichzeitig zu erledigen?
- [ ] Besitzen Sie alle erforderlichen Informationen, um Ihre Aufgaben zu erfüllen?
- [ ] Würden Sie sich als »selbstdiszipliniert« bezeichnen?
- [ ] Haben Sie alle erforderlichen Arbeitsunterlagen immer griffbereit?
- [ ] Haben Sie sich eindeutige Prioritäten gesetzt?

Literatur

- Seiwert, Lothar J.: *Wenn du es eilig hast, gehe langsam. Mehr Zeit in einer beschleunigten Welt.* Frankfurt/New York, 2008. Campus.
- Seiwert, Lothar J.: *Das neue 1x1 des Zeitmanagement.* München, 2007. Gräfe und Unzer.

24

Ich muss mehrere Projekte gleichzeitig überwachen

Wer viele Eisen im Feuer hat,
muss kräftig nachlegen.

Das Problem

Als Projektverantwortlicher sind Sie dafür zuständig, dass mehrere Projekte termingerecht abgeschlossen werden. Das ist nicht ganz einfach, denn es ergeben sich immer wieder unvorhergesehene Schwierigkeiten. Mitarbeiter fallen aus, geplante Ressourcen stehen nicht zur Verfügung, und manchmal ändern sich auch die festgelegten Anforderungen an das Resultat. Wie können Sie vermeiden, die Kontrolle zu verlieren?

Fragen, die Sie sich stellen sollten

1. Setzen Sie eine moderne Projektverfolgungssoftware ein?
2. Nehmen Sie sich ausreichend Zeit für die Verfolgung und Überwachung der Projekte?
3. Melden sich die Projektmitarbeiter automatisch, wenn es Probleme oder Verspätungen gibt?
4. Sind die Prioritäten der verschiedenen Projekte jedem Beteiligten klar?
5. Wie sieht Ihr Frühwarnsystem aus?

Tipps zu den Fragen

1. Je komplexer Zusammenhänge und Verknüpfungen in einem Projekt sind, umso wichtiger ist es, die Kontrolle von Abweichungen zu automatisieren. Hier gibt es verschiedene Softwareprogramme, die Ihnen aktuelle Informationen liefern. Sparen Sie hier nicht an der falschen Stelle.
2. Hierbei handelt es sich um eine klassische Managementaufgabe, die Sicherstellung eines Erfolgs zu einem bestimmten Zeitpunkt. Hierfür ist ausreichend Zeit einzuplanen, um nicht überrascht zu werden.
3. Sorgen Sie dafür, dass die beteiligten Mitarbeiter ausreichend sensibel für Zeitverschiebungen sind. Stellen Sie sicher, dass ein angstfreies Kommunikationsklima herrscht, sodass Abweichungen von jedem gemeldet werden können.
4. Nur wenn die beteiligten Mitarbeiter über die Prioritäten der verschiedenen Projekte wissen, kann eine realistische Beurteilung der Projektfortschritte erfolgen.
5. Erfahren Sie rechtzeitig, noch vor der Entstehung von Problemen, von eventuellen Abweichungen und Verzögerungen? Durch regelmäßige Gespräche mit Ihren Mitarbeitern entwickeln Sie ein Gespür für das, was passieren könnte.

Zusammenfassung

Bilden Sie alle Ihre Mitarbeiter im Projektmanagement aus. Dadurch stellen Sie sicher, dass jeder Beteiligte sich verantwortlich fühlt und einen geschärften Blick für das Thema entwickelt.

Literatur

- Seiwert, Lothar J.: *Wenn du es eilig hast, gehe langsam. Mehr Zeit in einer beschleunigten Welt.* Frankfurt/New York, 2008. Campus.
- Seiwert, Lothar J.: *Das neue 1x1 des Zeitmanagement.* München, 2007. Gräfe und Unzer.

25

Mir entgleitet die Kontrolle über ein Projekt

Nachdem wir das Ziel aus den Augen verloren hatten, verdoppelten wir unsere Anstrengungen.

Das Problem

Sie sind für ein Projekt verantwortlich. Bisher lagen alle Projektaktivitäten innerhalb der vorgesehenen Zeitabschnitte. In den vergangenen Tagen haben Sie allerdings immer mehr das Gefühl, dass Ihnen die Kontrolle und der Überblick über das Projekt verloren gehen. Es häufen sich unvorhergesehene Probleme, die Ausfallquote Ihrer Mitarbeiter ist ungewöhnlich hoch, es werden zusätzliche Forderungen zur Projekterfüllung erstellt – das Ganze droht aus dem Ruder zu laufen. Wie können Sie das Projekt noch retten?

Fragen, die Sie sich stellen sollten

1. Halten sich alle Projektmitarbeiter an die vorher genau definierten Anweisungen?
2. Was ist der Grund für die hohe Ausfallquote?
3. Welche Auswirkungen haben die zusätzlichen Forderungen?
4. Identifizieren sich die Mitarbeiter mit dem Projekt?
5. Welche Auswirkungen haben die Projektverzögerungen auf den Erfolg des Unternehmens?
6. Verfallen Sie wegen der Situation in Hektik, oder demonstrieren Sie noch größere Gelassenheit als zuvor?

Tipps zu den Fragen

1. Überprüfen Sie, ob alle vereinbarten Schritte von den Mitarbeitern auch genau eingehalten werden. Lassen Sie keine eigenmächtigen Veränderungen und Abweichungen zu. Machen Sie jedem einzelnen Mitarbeiter die Konsequenz seines Handelns klar. Zeigen Sie auf, welche Auswirkungen sich für die Erreichung des Projektziels ergeben können.

2. Prüfen Sie den Grund für die außergewöhnlich hohe Ausfallquote. Sind einzelne Mitarbeiter mit den Aufgaben überfordert, fehlt etwa den Mitarbeitern die Motivation, sich in dieses Projekt voll einzubringen, liegen die Gründe in einer Verunsicherung der Mitarbeiter, im schlechten Betriebsklima, oder ist der Grund ganz einfach eine Grippewelle? Nachdem Sie den Grund ermittelt haben, gehen Sie die Ursache, die Sie beeinflussen können, gezielt an.

3. Kommen neue, zusätzliche Anforderungen, die den Projektumfang erweitern, hinzu, dann verhandeln Sie mit den Auftraggebern das Projekt neu, denn die Ausgangsbasis für das Projekt wurde verändert, und es wäre unrealistisch anzunehmen, dass diese Veränderungen keine Auswirkungen auf den Zeitplan haben.

4. Wenn die Motivation der Projektbeteiligten schwach ausgeprägt ist, dann werden Sie gerade in Krisenzeiten wenig von der Kreativität und dem Improvisationstalent Ihrer Mitarbeiter spüren. Deshalb ist es gerade zu Beginn eines Projektes extrem wichtig, Begeisterung für das Projektziel zu wecken. Mitarbeiter, die Dienst nach Vorschrift machen, verstoßen zwar gegen keine Regeln, beeinträchtigen aber den Ablauf und Zeitplan gewaltig, wie die Beispiele des »Dienstes nach Vorschrift« der Fluglotsen immer wieder zeigen.

5. Machen Sie allen Beteiligten klar, welche (finanziellen) Auswirkungen eine Verzögerung oder gar das Scheitern des Projektes für das Unternehmen und somit für den Einzelnen bedeuten können. Solche Gespräche können Sie im Vorfeld vermeiden, wenn den Mitarbeitern eine angemessene Erfolgsbeteiligung bei Zielerreichung zugesagt wird.

6. Gerade in Krisenzeiten ist es für eine Führungskraft unabdingbar, noch mehr Ruhe und Gelassenheit auszustrahlen. Ansonsten überträgt sich Ihre Unruhe auf die Mitarbeiter, die gerade in einer angespannten Situation noch mehr als sonst die Vorbildfunktion des Vorgesetzten im Auge haben.

Zusammenfassung

Lösen Sie sich von den Details und werfen Sie einen Blick auf das Ganze aus der Perspektive eines Hubschrauberpiloten, überblicken Sie aus dem nötigen Abstand die Zusammenhänge und verteilen Sie bei Bedarf die Ressourcen neu. Holen Sie sich Rat bei erfahrenen Kollegen, geraten Sie nicht in Panik und verkrampfen Sie sich nicht. Machen Sie sich bereits jetzt Gedanken, was sie bei einem neuen Projekt anders machen würden. Sorgen Sie dafür, dass die Geschäftsleitung Ihr Interesse am Erfolg des Projekts deutlich den Mitarbeitern gegenüber signalisiert.

Literatur

- Dörner, Dietrich: *Die Logik des Misslingens. Strategisches Denken in komplexen Situationen.* Hamburg, 2003. Rowohlt.
- Seiwert, Lothar J.: *Wenn du es eilig hast, gehe langsam. Mehr Zeit in einer beschleunigten Welt.* Frankfurt/New York, 2008. Campus.

26

Wir müssen unser Ziel erreichen

Ein schlechter Schütze, der keine Ausrede hat.

Das Problem

Alle Jahre wieder: Man gibt Ihnen ein Ziel vor, und gemeinsam mit Ihren Mitarbeitern sind Sie dafür verantwortlich, dass dieses Ziel auch erreicht wird. Da Ziele in der Regel eher gesteigert als reduziert werden, nimmt der Druck auf alle zu, zum vereinbarten Zeitpunkt die vereinbarten Resultate vorzeigen zu können. Menschen sind kreativ, vor allem wenn es um die Entwicklung von Ausreden geht. Wie können Sie dafür sorgen, dass alle zur Zielerreichung beitragen?

Fragen, die Sie sich stellen sollten

1. War die Zielvorgabe realistisch oder von vornherein nicht zu erreichen?
2. Wurden die Wege zur Zielerreichung mit allen Beteiligten vorher ausreichend diskutiert?
3. Wurden die erforderlichen Ressourcen definiert und auch bereitgestellt?
4. Haben sich externe Einflüsse ergeben, welche die Zielerreichung verhindern?
5. Machen Ihre Mitarbeiter rechtzeitig auf Probleme bei der Zielerreichung aufmerksam und liefern Sie alternative Pläne, um doch noch ans Ziel zu kommen?
6. Helfen sich Ihre Mitarbeiter gegenseitig bei der Erreichung des gemeinsamen Ziels?

Tipps zu den Fragen

1. Häufig werden Ziele auf Grund von einfachen mathematischen Formeln vorgegeben (jedes Jahr zwölf Prozent mehr), ohne das Umfeld realistisch zu analysieren. Wenn in solchen Fällen niemand der Beteiligten an die Möglichkeit der Zielerreichung glaubt, dann sind diese Phantomziele von vornherein nicht real, nicht zu erreichen.
2. Wenn die Betroffenen nicht bei der Planung der Ziele beteiligt, also eingebunden werden, dann werden sie die Ziele immer als von außen vorgegeben ansehen, sie werden sich meist nicht voll mit dem Ziel identifizieren können.
3. Um ein Autorennen zu gewinnen, muss die Tankfüllung mindestens bis zur Ziellinie reichen. Wenn nicht die vorher gemeinsam definierten Ressourcen zur Verfügung stehen, dann ist jede Zielvorgabe von vornherein zum Scheitern verurteilt.
4. Prüfen Sie, ob es externe Gründe gibt, die eine Zielerreichung unmöglich machen. Das können Markteinflüsse sein, neue Vorschriften oder Gesetze. In diesen Fällen ist logischerweise umgehend eine neue Zielplanung erforderlich.
5. Sorgen Sie dafür, dass Ihre Mitarbeiter Sie rechtzeitig auf Probleme aufmerksam machen. Das alleine reicht allerdings nicht aus, um weiterzukommen. Verlangen Sie gleichzeitig mit der »Warnmeldung« mehrere Lösungsvorschläge, wie das Ziel doch noch erreicht werden kann. Sorgen Sie dafür, dass Ihre Mitarbeiter Probleme als Chancen für die Entwicklung neuer Lösungen ansehen.
6. Bringen Sie Ihre Mitarbeiter mit Ihrer Vorbildfunktion dahin, dass sie sich gegenseitig beim Auftauchen von Problemen helfen. Dies sollte ein wichtiger Punkt bei all Ihren Teamsitzungen sein.

Zusammenfassung

Wenn Ziele mehrmals hintereinander nicht erreicht werden, bedeutet das, dass entweder die Ziele zu hoch gesteckt waren oder die Mitarbeiter nicht ausreichend qualifiziert sind. In beiden Fällen werden die Mitarbeiter mit dem Gefühl »Das schaffe ich sowieso nicht« frustriert und wenig motiviert die nächste Zielvorgabe ebenfalls verpassen. Vermeiden Sie unrealistische Ziele, bestehen Sie jedoch auf realistischen Zielen, die alle Beteiligten immer wieder herausfordern und dadurch die Leistungsfähigkeit eines jeden Einzelnen fördern. Planen Sie, bereits bei 50 Prozent des vorgesehenen Zeitrahmens 80 Prozent des geplanten Ziels zu erreichen. Durch dieses »Mogeln« gewinnen Sie zum Ende des gesteckten Zeitrahmens noch ein wenig »Luft« für unvorhergesehene Probleme.

Literatur

- Seiwert, Lothar J.: *Das neue 1x1 des Zeitmanagement*. München, 2007. Gräfe und Unzer.

27

Das Projekt wird sabotiert

Machen Sie sich erst einmal unbeliebt,
dann werden Sie auch ernstgenommen.

Das Problem

Sie haben einen schlimmen Verdacht: Obwohl alle Mitarbeiter offensichtlich mit Engagement am Projekt arbeiten, haben Sie das Gefühl, dass es nicht weitergeht, dass plötzlich unvorhergesehene Probleme auftreten, dass Absprachen missverstanden werden – kurz, Sie haben das Gefühl, das Projekt wird sabotiert. Jeder Mitarbeiter hat plausible Gründe und Entschuldigungen für das, was gerade geschieht, nämlich recht wenig. Sie reden mit Engelszungen auf Ihre Mitarbeiter ein, man hört Ihnen zu, und trotzdem passiert nichts. Was sollen Sie tun?

Fragen, die Sie sich stellen sollten

1. Gibt es einen präzisen Projektplan, der jedem Mitarbeiter Zeit und Aktivität zuweist?
2. Wie häufig kontrollieren Sie den Projektfortschritt anhand dieses Projektplans?
3. Können Sie Ihre Verdachtsmomente beweisen?
4. Was haben Sie bisher konkret zur Verbesserung der Situation unternommen?
5. Welche Möglichkeiten sehen Sie, das Projekt zu Ende zu bringen?

Tipps zu den Fragen

1. Sollten Sie bis zu diesem Zeitpunkt einen solchen Plan noch nicht erstellt haben, dann wird es höchste Zeit. Denn nur anhand eines solchen Plans können Sie jeden einzelnen Mitarbeiter in die Pflicht nehmen, nur mit einem solchen Plan in der Hand können Sie ihm nachweisen, an welcher Stelle der Abweichungen er Sie hätte einschalten müssen, um Sie um Hilfe zu bitten. Wenn ein solcher Plan in Form eines Netzplans zum Beispiel an einer nicht zu übersehenden Stelle an den Arbeitsplätzen der Mitarbeiter angebracht ist, entfallen auch die Ausreden wie: »das wusste ich nicht«.

2. Als Führungskraft werden Sie nicht dafür bezahlt, die Arbeit zu tun, sondern dafür zu sorgen, dass die Arbeit getan wird. Dazu gehört, dass Sie Ihre Kontrollfunktion regelmäßig wahrnehmen. Tun Sie das nicht, entsteht bei Ihren Mitarbeitern leicht der Eindruck, dass dieses Projekt vielleicht gar nicht so wichtig ist, denn sonst würden Sie sich als Chef ja öfter darum kümmern.

3. Ihren Verdacht, dass das Projekt sabotiert wird, müssen Sie beweisen können. Nur dann können Sie gezielt das Verhalten einzelner Mitarbeiter ansprechen, Veränderungen einfordern oder Sanktionen androhen. Und nur dann können Sie unmissverständlich klar machen, dass Sie das Vorgehen auf keinen Fall akzeptieren.

4. Prüfen Sie, was Sie in der Vergangenheit unternommen haben, um den Erfolg des Projektes sicherzustellen. Haben Sie eindeutige Anweisungen an Ihre Mitarbeiter gegeben? Haben Sie auf die Konsequenzen beim Scheitern des Projektes für jeden Einzelnen deutlich aufmerksam gemacht? Oder haben Sie sich von den diversen, plausibel klingenden Erklärungen der Mitarbeiter »einlullen« lassen? Machen Sie Ihren Standpunkt eindeutig klar, indem Sie mit der notwendigen Festigkeit Ihren Mitarbeitern gegenüber auftreten.

5. Da Sie für die Fertigstellung des Projektes die Verantwortung tragen, sollten Sie nun alle Alternativen durchdenken, die Ihnen helfen, das Projekt zu Ende zu führen. Wenn Ihre Mitarbeiter nicht in der Lage sein sollten, den Erfolg sicherzustellen, dann müssen Sie sich um zusätzliche Res-

sourcen bemühen. Machen Sie sich gleichzeitig die notwendigen Gedanken über personelle Konsequenzen in Ihrer Abteilung und weisen Sie eindeutig auf Ihre Absichten hin.

Zusammenfassung

Nicht der Konflikt ist das Problem, sondern Ihre Unfähigkeit, den Konflikt zu lösen. Wenn Sie feststellen, dass das Projekt tatsächlich absichtlich sabotiert wird, dann bleibt Ihnen gar nichts anderes übrig, als sich in dieser Situation mit Ihrem Vorgesetzten in Verbindung zu setzen und mit ihm Alternativen zu diskutieren und für reinen Tisch zu sorgen. Es heißt zu Recht: »Everybody's darling – everybody's Depp«. Lassen Sie sich Ihre Karriere nicht ruinieren durch Mitarbeiter, die sich nicht an die Spielregeln halten wollen.

Literatur

- Goldfuß, Jürgen W.: *Endlich Chef – was nun? Was Sie in der neuen Position wissen müssen.* Frankfurt/New York, 2006. Campus.

28

Keiner ist an dem Projekt richtig interessiert

Nicht wollen ist der Grund,
nicht können nur der Vorwand.

Das Problem

Sie haben die Verantwortung für ein Projekt übernommen, das Sie für sehr interessant halten. Umso enttäuschter sind Sie, als Sie feststellen, dass kaum einer Ihrer Mitarbeiter sich so richtig für das Projekt interessiert. Es werden alle möglichen Entschuldigungen und Ausreden vorgebracht, warum dieses Projekt nicht erfolgreich abgewickelt werden kann. Einige der Gründe klingen plausibel. Sie werden aber den Verdacht nicht los, dass man einfach keine Lust auf dieses Projekt hat. Was sollen Sie tun?

Fragen, die Sie sich stellen sollten

1. Welche Argumente und Gründe werden gegen das Projekt vorgebracht?
2. Arbeiten Sie mit einem erfahrenen Projektteam?
3. Welche interessanten Tätigkeiten beinhaltet dieses Projekt?
4. Sind die Mitarbeiter fachlich ausreichend qualifiziert für dieses Projekt?
5. Welche Motivationsfaktoren könnten Ihnen bei diesem Projekt weiterhelfen?

Tipps zu den Fragen

1. Prüfen Sie die vorgebrachten Argumente und Gründe ganz genau auf Plausibilität und Stichhaltigkeit. Wenn Sie feststellen, dass die Argumente nicht aus der Luft gegriffen sind, dann diskutieren Sie mit Ihren Mitarbeitern detailliert deren Bedenken und entwickeln Sie gemeinsam Lösungsvorschläge.
2. Handelt es sich bei den Mitarbeitern um noch recht unerfahrene Leute, dann sorgen Sie für die notwendige Ausbildung für die Projektarbeit. Sind es erfahrene Mitarbeiter, dann nutzen Sie deren Wissen, um gemeinsam die Bedeutung des Projekts zu klären sowie die richtige Vorgehensweise festzulegen.
3. Bei weniger interessanten Projekten ist es umso wichtiger, Teilaktivitäten herauszustellen, die für die Weiterentwicklung der Projektmitarbeiter von Bedeutung sein könnten.
4. Wenn Sie feststellen, dass die Mitarbeiter mit dem Projekt vielleicht überfordert sind, dann sorgen Sie im Schnellgang für die Ausbildung der erforderlichen Fähigkeiten.
5. Handelt es sich bei dem Projekt tatsächlich um eine wenig herausfordernde Aufgabe, dann sollten Sie sich unterstützende Motivationsfaktoren überlegen. Das könnte das Feiern bestimmter Projektabschnitte sein oder andere, in die Unternehmensphilosophie und das Budget passende Maßnahmen.

Zusammenfassung

Sprechen Sie mit den Mitarbeitern offen deren Bedenken und Befürchtungen an. Machen Sie auch gleichzeitig klar, dass die Durchführung dieses Projekts durch Ihr Team von der Geschäftsleitung erwartet wird. Zeigen Sie auch auf, dass Probleme bei der Ausführung des Projekts im ganzen Unternehmen sichtbar werden und jeder Einzelne für den Erfolg des Projektes mithaftet.

Mitarbeiterführung

29 Ich brauche einen Stellvertreter

Die Frage »Wer wird der Chef?« ist so überflüssig
wie die Frage im Chor »Wer singt den Tenor?«
Eindeutig der, der den Tenor singen kann.

Das Problem

Ihre Aufgabenbereiche sind gewachsen, Sie erhalten mehr Verantwortung, Ihre Abteilung vergrößert sich, Sie bauen eine Unterabteilung auf, Sie bereiten sich auf eine neue Aufgabe vor – was immer der Grund ist: Sie brauchen einen Stellvertreter. Eine interessante Aufgabe. Denn nun entscheiden Sie, ob Sie in Zukunft mehr oder weniger Arbeit haben.

Fragen, die Sie sich stellen sollten

1. Was erwarten Sie von Ihrem Stellvertreter?
2. Welche Merkmale soll er mitbringen?
3. Wofür wird er verantwortlich sein?
4. Welche Tätigkeiten werden Sie ihm übertragen?
5. Wie werden Sie die Übergabe handhaben?
6. Woran werden Sie ihn messen?

Tipps zu den Fragen

1. Das ist die Kernfrage des Themas. Listen Sie auf, was Sie genau von Ihrem Stellvertreter erwarten. Kurzfristig, mittelfristig und langfristig. Prüfen Sie, wie weit er vorausdenken kann. Die Frage »Was wird als Nächstes passieren?« sollte er mit großer Sicherheit beantworten können.

2. Hüten Sie sich davor, alle Ihre vermeintlich guten Eigenschaften auch von ihm zu erwarten. Suchen Sie kein geklontes Ich, sondern eine Person, die Sie ergänzt. Natürlich sollte die »Chemie« zwischen Ihnen beiden nicht gestört sein. Wählen Sie aber keinen »guten Arbeiter« aus, das reicht nicht aus zur Führungskraft. Denn der neue Chef sollte:
   - denken wie ein Manager und nicht wie ein »Tagelöhner«,
   - vom »Tun« zum »Führen« umschalten können,
   - auch »Schmutzarbeiten« ohne schlechtes Gewissen delegieren können,
   - akzeptieren können, dass andere ihre Grenzen haben,
   - ehemalige Kollegen führen und anleiten können,
   - nicht in Stunden, sondern in Resultaten denken,
   - damit umgehen können, aus der Sicht seiner Kollegen nicht mehr »einer von uns« zu sein,
   - Vertrauen in seine eigene Führungsfähigkeiten haben,
   - auch über sich selbst lachen können,
   - »schieben« und »ziehen« können, wenn sich etwas nicht bewegt,
   - Visionen entwickeln und vermitteln können.

3. Legen Sie ein ganz klares Profil fest, damit dem Mitarbeiter und der Abteilung Verantwortlichkeiten und Erwartungen ganz klar sind.

4. Erstellen Sie eine Liste der Tätigkeiten die zu seinem Arbeitsbereich gehören. Klären Sie gleichzeitig gemeinsam die Frage der erforderlichen Ressourcen.

5. Die Einführung ist einer der wichtigsten Punkte für den Erfolg Ihres Stellvertreters. Fehler, die hier gemacht werden, sind im Nachhinein kaum noch zu korrigieren. Schicken Sie Ihren Nachfolger vor der Amtseinführung auf ein Seminar für Nachwuchsführungskräfte. Er wird mit größerem Selbstvertrauen und besserem handwerklichen Können an den Start gehen. Informieren Sie alle Mitarbeiter, warum Sie gerade diesen Mitarbeiter ausgewählt haben. Sprechen Sie besonders mit den Mitarbeitern, die sich Hoffnung auf diesen Posten gemacht haben. Erklären Sie, warum Ihre Auswahl auf eine andere Person fiel. Sorgen Sie dafür, dass der »Neue« richtig empfangen wird.

6. Außer der Zielvereinbarung gibt es eine Anzahl weiterer Messkriterien. Dazu gehören Faktoren wie das Klima in der Abteilung, die Fluktuationsrate, die Bereitschaft der Abteilung zu außerplanmäßiger Mehrarbeit bei

Bedarf, die Lernkurve der Abteilung sowie die Anzahl der von der Abteilung Ihres Mitarbeiters produzierten neuen Ideen. Binden Sie Ihren Stellvertreter von Anfang an ein: »Woran soll ich Ihrer Meinung nach Ihre Leistung messen?« Damit stellen Sie sicher, dass Sie beide in dieselbe Richtung streben.

Zusammenfassung

Mit der Auswahl Ihres Stellvertreters legen Sie fest, wie erfolgreich Ihre Abteilung in Zukunft operieren wird. Und wenn Ihr Stellvertreter Ihnen »den Rücken frei hält«, dann werden für Sie die nächsten Karrierestufen bedeutend leichter zu erreichen sein. Er ist die Basis für Ihr persönliches Wachstum. Achten Sie auch auf sein Auftreten in der Öffentlichkeit. Gehen Sie vor der Ernennung einmal mit ihm essen und überzeugen Sie sich, dass er mit Messer und Gabel professionell umgehen kann und beim Essen einen gewissen Mindestabstand zwischen Mund und Tellerrand einhält. Erschreckende Gegenbeispiele können Sie täglich in Restaurants aller Preisklassen finden. Denn Sie wollen ihn doch bedenkenlos an Ihrer Stelle auch mal zu einem öffentlichen Termin oder einem Kunden schicken können!

☑ Checkliste

- ☐ Könnten Sie sich den Mitarbeiter als Ihren Chef vorstellen?
- ☐ Würden Sie ihn als Ihren Chef akzeptieren?
- ☐ Werden die Mitarbeiter ihn als Chef akzeptieren?
- ☐ Wenn nein, warum nicht?

Literatur

- Malik, Fredmund: *Führen, Leisten, Leben. Wirksames Management für eine neue Zeit.* Frankfurt/New York, 2006. Campus.
- Seiwert, Lothar J., Gay, Friedbert: *Das neue 1x1 der Persönlichkeit.* München, 2004. Gräfe und Unzer.

30

Ein Kollege kritisiert meinen Führungsstil

Erfolg ersetzt alle Argumente.

Das Problem

Sie haben ein neues Buch gelesen zum Thema »Führungsstil« und sind verunsichert, ob Ihr Stil der Richtige ist. Einige der im Buch aufgeführten Beispiele widersprechen Ihrem Verständnis von Führung. Dabei haben Sie sich doch strikt an die Tipps aus Ihrem letzten Führungslehrgang gehalten. Was ist nun richtig und was ist falsch?

Fragen, die Sie sich stellen sollten

1. Warum zweifeln Sie an Ihrem Führungsstil?
2. Welche Führungsfähigkeiten möchten Sie gerne verbessern?
3. Fühlen Sie sich manchmal als Führungskraft überfordert?
4. Praktizieren Ihre Kollegen einen erfolgreicheren Führungsstil?
5. Glauben Sie, dass das Klima in Ihrer Abteilung besser sein könnte?
6. Werden Sie von Ihren Mitarbeitern um Hilfe gebeten?
7. Was sagt Ihr Chef zu Ihrem Führungsstil?

Tipps zu den Fragen

1. Sich selbst und seinen eigenen Stil zu hinterfragen ist keine schlechte Sache. Ideen und Anregungen aus Büchern und Seminaren zu testen und bei Erfolg zu übernehmen ist ebenfalls zu empfehlen. Sich von an-

deren Ansichten verunsichern zu lassen zeigt allerdings, dass man von seinen eigenen Ideen nicht so ganz überzeugt ist.

2. Fragen Sie doch einmal Ihre Mitarbeiter offen und ehrlich, was diese von Ihrem Führungsstil halten und welche Punkte Sie verbessern könnten. Damit haben Sie einen sehr guten Anhaltspunkt, welche Ihrer Führungseigenschaften auf den Prüfstand sollte.

3. Wenn Sie sich allerdings öfters überfordert fühlen, dann notieren Sie sich die entsprechenden Situationen, die Gründe für die Überforderung und geeignete Lösungsansätze, wie Sie solche Situationen künftig besser in den Griff bekommen. Tauschen Sie sich mit Ihren Kollegen aus und schauen Sie, wie diese mit solchen Situationen umgehen.

4. Wenn Ihre Kollegen einen erfolgreicheren Führungsstil praktizieren, dann betrachten Sie selbstkritisch die Unterschiede. Machen Sie aber bitte nicht den Fehler, Verhaltensweisen Ihrer Kollegen eins zu eins übernehmen zu wollen.

5. Wenn Sie den Verdacht haben, dass das Klima in Ihrer Abteilung besser sein könnte, dann gehen Sie als Vorbild mit gutem Beispiel voran. Sorgen Sie für einen offenen und freien Meinungsaustausch, lassen Sie gemeinsame Erfolgserlebnisse auch feiern, provozieren Sie die Entwicklung neuer Ideen und lassen Sie alle Mitarbeiter diese Ideen gemeinsam diskutieren. Das erfordert weniger Zeit, als Sie vielleicht glauben.

6. Wenn Sie diese Frage mit »ja« beantworten können, dann scheint Ihr Führungsstil gar nicht so schlecht zu sein. Werden Sie von Ihren Mitarbeitern allerdings wenig oder gar nicht um Hilfe gefragt, dann sollten Sie sich ernsthaft Gedanken machen, warum das so ist. Auf jeden Fall haben Sie Ihren Mitarbeitern noch nicht den Gedanken vermitteln können, dass Sie als Chef der erste Dienstleister für Ihre Mitarbeiter sind, dass Sie die Ansprechperson bei Problemen und Fragen sind, die Ihre Mitarbeiter nicht alleine lösen können.

7. Ihr Chef kann als Außenstehender recht gut beurteilen, wie Ihr Führungsstil auf Ihre Abteilung wirkt. Fragen Sie ihn doch einfach einmal. Er kann Ihnen bestimmt einige gute Tipps und Anregungen geben. Schließlich ist er selbst im »Führungsgeschäft«.

Zusammenfassung

Welcher Führungsstil ist der Richtige? Derjenige, der in Ihrer Abteilung funktioniert! Es gibt autoritäre Führungskräfte, die ihre Mitarbeiter an einer kurzen Leine halten und erfolgreich sind. Und es gibt Führungskräfte, die ihren Mitarbeitern extreme Freiheitsgrade lassen und ebenfalls erfolgreich sind. Wenn Sie erfolgreich sind, interessiert es wenig, wie Sie den Erfolg sicherstellen. Eine Untersuchung über Gemeinsamkeiten von Führungskräften hat drei Faktoren ergeben, die erfolgreiche Führungskräfte gemeinsam auszeichnen:

- die Fähigkeit, Mitarbeiter mit Talenten zu höheren Leistungen zu führen,
- Vertrauen in die Unterschiedlichkeit oder Individualität der Mitarbeiter,
- die Fähigkeit, diszipliniert und fokussiert auf das definierte Ziel hinzuarbeiten.

Entscheidend für den richtigen Führungsstil sind drei Dinge:

- Der Stil muss glaubhaft zu Ihrer Person passen.
- Der Stil muss von Ihren Mitarbeitern akzeptiert werden.
- Der Stil muss zum Unternehmen passen.

Nun können Sie sich aussuchen, an welcher Stelle Sie etwas ändern wollen.

Literatur

- Bruce, Anne, Pepitone, James S.: *Mitarbeiter motivieren. Der Praxisratgeber für die neue Führungsposition*. Frankfurt/New York, 2001. Campus.

31

Ein Mitarbeiter fühlt sich von mir nicht verstanden

Wer mit sich selbst nicht zurechtkommt,
ist anderen nicht zumutbar.

Das Problem

Sie kommen eigentlich mit den meisten Mitarbeitern gut zurecht – aber leider nicht mit allen. Mit einem Mitarbeiter haben Sie ein besonderes Problem, denn er glaubt, Sie verstehen ihn nicht. Genau genommen hat er Recht, denn irgendwie haben Sie schon Schwierigkeiten, ihn richtig zu verstehen, nicht akustisch, sondern inhaltlich. Er scheint komplizierter als die anderen zu sein, er schaut Sie skeptisch, manchmal sogar misstrauisch, an, wenn Sie ihm etwas erklären. Von seinen Kollegen wurde Ihr Verdacht bestätigt: Er hat das Gefühl, Sie verstehen ihn nicht. Was machen Sie falsch?

Fragen, die Sie sich stellen sollten

1. Mit welchen »Typen« kommen Sie am leichtesten zurecht?
2. Welche »Typen« liegen Ihnen weniger?
3. Was stört Sie an manchen Mitarbeitern?
4. Wie wirken Sie auf andere?
5. Wie gehen Sie mit Ihren eigenen Fehlern um?
6. Können Sie über sich selbst lachen?
7. Wie können Sie diesen Mitarbeiter besser verstehen lernen?

Tipps zu den Fragen

1. Schreiben Sie doch einmal auf, mit welchen Menschentypen Sie es am liebsten zu tun haben. Notieren Sie die Eigenschaften, die Ihnen bei diesen Personen besonders gut gefallen. Wahrscheinlich werden Sie dieselben Eigenschaften entdecken, die auch Sie auszeichnen. Das entspricht der Erfahrung: Wir mögen die Menschen, die genau so sind wie wir (vorausgesetzt, wir mögen uns selbst).

2. Machen Sie dieselbe Übung wie unter Punkt 1, jetzt aber für die Personen, mit denen Sie ein weniger herzliches Verhältnis entwickeln. Vielleicht entdecken Sie an diesen Personen Schwächen und Eigenschaften, die auch Sie besitzen (aber oft nicht wahrhaben wollen – oder sogar hassen). Nun sind Sie der Erklärung für Ihr Problem (es ist IHR Problem und nicht das des Mitarbeiters) ein ganzes Stück näher gekommen.

3. Schreiben Sie nun auf, was Sie genau an dem Mitarbeiter stört. Ist es vielleicht die Art und Weise, wie er spricht, sein Tonfall oder Dialekt? Kann er sich nicht klar ausdrücken? Gehört er zu den »Reichsbedenkenträgern«, die alles negativ betrachten und überall große Risiken sehen? Geht er konkreten Fragen aus dem Weg und weicht auf Nebenkriegsschauplätze aus, lenkt er ab von für ihn unangenehmen Themen? Wenn Sie nun genau wissen, wo das Problem liegt, dann können Sie dem Mitarbeiter dabei helfen, besser zu werden, indem Sie ihn zum Beispiel auf ein Seminar schicken, auf dem er mehr über Rhetorik, Teamarbeit, positives Denken erfährt – oder wo immer sein Nachholbedarf ausgemacht wird. Überprüfen Sie auch Ihre eigene Erwartungshaltung an den Mitarbeiter: Sind Ihre Erwartungen gerechtfertigt – in dieser Form? Wenn ja, machen Sie dem Mitarbeiter Ihre Erwartungen unmissverständlich deutlich.

4. Wissen Sie, welchen Eindruck Sie auf andere machen? Haben Sie sich schon einmal während eines Gesprächs oder einer Diskussion beobachten, Ihre Körpersprache oder Ihre Lautstärke kontrollieren können? Meist ist es uns nicht bewusst, wie wir auf andere Menschen wirken. Wenn Sie eine sehr dominierende Persönlichkeit sind und Ihr Gesprächspartner eher zurückhaltend oder sogar ängstlich reagiert, dann wird keine funktionierende Beziehung zustande kommen. Dann wird Ihr Gegenüber im-

mer das Gefühl haben, nicht verstanden zu werden. Vielleicht lassen Sie andere auch kaum ausreden, vielleicht können Sie in einem Gespräch keine Pausen ertragen, die länger als fünf Sekunden dauern. Es ist die Summe der Kleinigkeiten, die die menschliche Kommunikation manchmal so schwierig erscheinen lässt. Fragen Sie auch mal Ihre Kollegen, was deren Meinung nach die Kommunikation mit dem Mitarbeiter verbessern könnte.

5. Wenn Sie der Typ Vorgesetzter sind, der keine Fehler zugeben kann (oder die Schuld bei anderen sucht), dann werden Ihre Mitarbeiter von Ihnen auch kein Verständnis für ihre eigenen Fehler erwarten, denn Sie sind ja offenbar perfekt. Perfektion weckt Aggression. Zeigen Sie, dass Fehler menschlich sind, dass es sich um zu erwartende Lernprozesse handelt.
6. Um nicht nur als Führungskraft, sondern auch als »normaler Mensch« akzeptiert zu werden, sollten Sie offen und herzhaft über sich selbst lachen können. Stellen Sie sich mal neben sich selbst, betrachten Sie Ihr Tun und hinterfragen Sie öfter Ihr Handeln und Reden: »Warum habe ich das gerade gesagt/getan? Welchen Eindruck hinterlasse ich damit? Wollte ich das?« Verfallen Sie nicht in Selbstzweifel, aber betrachten Sie Ihr Auftreten vor dem Hintergrund der Wirkung nach außen, auf andere.
7. Nachdem Sie die Punkte 1 bis 6 befolgt haben, werden Sie auf Frage 7 nun eher eine Antwort finden. Sprechen Sie den Mitarbeiter auf das Thema direkt an: »Haben Sie manchmal das Gefühl, ich verstehe Sie nicht richtig?« Lassen Sie sich konkrete Anlässe nennen, um gemeinsam eventuell unterschiedliche Sichtweisen auszutauschen. Wenn Ihnen klar ist, warum der Eindruck des Nichtverstehens entstanden ist, und wenn der Mitarbeiter weiß, wie Sie eine konkrete Situation beurteilt haben, dann dürfte der Grundstein für eine ungestörte Zusammenarbeit gelegt sein.

Zusammenfassung

Manche Führungskräfte bauen ihren Führungsstil mehr auf ihrem IQ (dem Intelligenzquotienten) auf als ihrem EQ (dem Erfolgsquotienten). Der EQ, die emotionale Intelligenz, die jeder Mensch mehr oder minder stark ausgeprägt besitzt, umfasst Begriffe wie Mitgefühl, Kommunikationsfähigkeit, Takt, Menschlichkeit, Höflichkeit. Goethe sagte dazu »Herzensbildung«, in unserer Sprache unter »Soft Skills« bekannt. Den IQ kann man mit diversen Testverfahren feststellen, den EQ misst und beurteilt Ihr Umfeld. Je geringer Ihr EQ, desto höher die Wahrscheinlichkeit, dass andere sich von Ihnen nicht verstanden fühlen. Während Sie an Ihrem IQ nichts verändern können, liegt die Weiterentwicklung Ihres EQ ganz in Ihrer Hand. Und denken Sie daran: Man wird wegen seines IQ eingestellt und wegen seines EQ befördert.

☑ Checkliste

- ☐ Kennen Sie Ihre eigenen Emotionen und deren Auswirkungen auf andere?
- ☐ Sind Sie sich über Ihre eigenen Grenzen, Stärken und Schwächen im Klaren?
- ☐ Besitzen Sie ein realistisches Selbstwertgefühl?
- ☐ Reicht Ihre Selbstkontrolle aus, um störende Impulse von außen im Griff zu halten?
- ☐ Nehmen Sie neue Ideen, Anregungen und Methoden gerne in Ihren Alltag auf?
- ☐ Ergreifen Sie rechtzeitig die Initiative, bevor Dinge ins Stocken geraten?
- ☐ Erkennen Sie die Bedürfnisse Ihrer internen und externen Kunden rechtzeitig? Können Sie die Bedürfnisse befriedigen?
- ☐ Macht es Ihnen Freude zu sehen, wie sich andere weiterentwickeln?
- ☐ Nutzen Sie die Vielfalt und Unterschiedlichkeit der Menschen in Ihrem Umfeld?

- [ ] Erkennen Sie gruppendynamische Prozesse, Strömungen und Machtverhältnisse?
- [ ] Nehmen Sie gerne Einfluss auf Ihr Umfeld?
- [ ] Sind Sie in der Lage, eindeutig zu kommunizieren?
- [ ] Fühlen Sie sich wohl bei der Vermittlung in Konfliktfällen?
- [ ] Können Sie schnell nützliche Kontakte aufbauen?

Literatur

- Bruce, Anne, Pepitone, James S.: *Mitarbeiter motivieren. Der Praxisratgeber für die neue Führungsposition.* Frankfurt/New York, 2001. Campus.
- Golemann, Daniel, Griese, Friedrich: *EQ 2: Der Erfolgsquotient.* München, 2000. dtv.

32

Ich möchte ein Teammitglied besonders loben

Wer nicht beneidet wird,
der ist nicht beneidenswert.

Das Problem

Ihr Team funktioniert hervorragend. Die Leistungen können sich sehen lassen. Einige der Teammitglieder weisen sogar außergewöhnliche Resultate auf. Sie möchten diese Teammitglieder besonders belohnen und als Vorbild herausstellen. Ist das möglich, ohne den Teamgeist zu belasten?

Fragen, die Sie sich stellen sollten

1. Sind die Leistungen wirklich derart hervorragend, dass sie eine besondere Belohnung verdienen?
2. Teilen die Teammitglieder Ihre Meinung?
3. Können alle Teammitglieder Ihren Entscheidungsprozess nachvollziehen?
4. Welche Nachteile könnten Sie sich durch die individuelle Belohnung einhandeln?
5. Gibt es sonstige Belohnungsmöglichkeiten für das Team?

Tipps zu den Fragen

1. Prüfen Sie genau, ob die Leistungen weit über die Erwartungen herausragen. Überlegen Sie, ob Sie mit der Belohnung nicht versehentlich eine Erwartungshaltung für die Zukunft wecken. Vermeiden Sie, dass besondere Leistungen künftig nur noch »gegen Belohnung« geliefert werden.
2. Wichtig ist: Alle Teammitglieder müssen der Meinung sein, dass es sich tatsächlich um eine hervorragende, außergewöhnliche Leistung handelt. Haben die Teammitglieder eine unterschiedliche Auffassung zu dem Thema, besteht die Gefahr, dass der extra belohnte Mitarbeiter zur Primadonna hochstilisiert wird. Auf der anderen Seite kann die Belohnung weitere Teammitglieder stimulieren, ebenfalls Unerwartetes zu leisten.
3. Die Teammitglieder müssen Ihren Entscheidungsprozess nachvollziehen können. Damit vermeiden Sie, dass der Verdacht der ungerechten Bevorzugung entsteht.
4. Besteht die Gefahr, dass durch die individuelle Belohnung aus den oben genannten Gründen das Team eher demotiviert als motiviert wird, dann sollten Sie zum nächsten Punkt übergehen.
5. Überlegen Sie, welche sonstigen Möglichkeiten es gibt, Lob auszusprechen und eine Leistung zu belohnen. Sie könnten zum Beispiel anlässlich einer Teamfeier einige Mitarbeiter besonders herausstellen und gleichzeitig darauf aufmerksam machen, dass es an jedem Einzelnen liegt, eine ähnliche Leistung zu erbringen. Oder Sie veröffentlichen am schwarzen Brett unter der Rubrik »Kreativster Teamplayer des Monats« ein Bild des Gelobten mit kurzer Story zum Anlass.

Zusammenfassung

Ein gutes Team zeichnet sich dadurch aus, dass alle Mitglieder ihren maximalen Beitrag zum Gelingen leisten. Das darf Sie aber nicht davon abhalten, außergewöhnliche Leistungen auch außergewöhnlich herauszustellen. Spätestens bei solchen »Events« stellen Sie fest, wieweit die Teammitglieder sich untereinander verstehen und respektieren.

☑ Checkliste

Belohnungen im Team:

- ☐ Gemeinsamer Besuch bei einem wichtigen Kunden.
- ☐ Eigenes Trainingsbudget für das Team.
- ☐ Vorstellung des Team auf Betriebsversammlungen, Firmenzusammenkünften, in der Hauszeitung.
- ☐ Das Team bildet Mitarbeiter anderer Abteilungen aus.
- ☐ Persönlicher Dankesbrief an die Privatadresse der Teammitglieder.
- ☐ Spontane Einladung zum gemeinsamen Mittagessen (im Budget einzuplanen).

Literatur

- Blanchard, Kenneth u. a.: *Das Minuten-Manager-Buch*. Reinbek, 2007. Rowohlt.

33
Multikulturelle Teams optimal führen

Nur wer sich sicher fühlt, ist tolerant.

Das Problem

Der Begriff Globalisierung gehört heute zum Standardwortschatz eines jeden. Global ist allerdings nicht nur der Transfer von Waren, sondern auch die Bewegung von Menschen, von Mitarbeitern. Während in manchen Branchen heute schon Arbeitskräfte aller Nationalitäten und Herkunftsländer miteinander arbeiten, um ein von der Firmenleitung vorgegebenes Ziel gemeinsam zu erreichen, steht diese Stufe der Zusammenarbeit anderen Unternehmen noch bevor. Nicht jeder Mensch ist allerdings in der Lage, mit der »Andersartigkeit« seiner Kollegen problemlos auszukommen. Vor allem dann, wenn Ängste über die Arbeitsplatzsicherheit oder Konkurrenzsituationen um die beste Arbeitsleistung entstehen, dann lässt die eigene Unsicherheit schnell ein Klima von Intoleranz entstehen. Es ist eine wirklich herausfordernde Führungsaufgabe, alle für ein gemeinsames Ziel zu begeistern – vor allem für eine Nachwuchsführungskraft eine hervorragende Chance, sich für internationale Aufgaben zu qualifizieren und zu profilieren.

Fragen, die Sie sich stellen sollten

1. Worin liegen die Stärken der unterschiedlichen Personen und Kulturen?
2. Wodurch unterscheidet sich das Kommunikationsverhalten der Mitarbeiter?
3. Wie können Sie das gegenseitige Verstehen fördern?
4. Wie verhindern Sie, dass sich getrennte »Volksgruppen« bilden?

Tipps zu den Fragen

1. Machen Sie sich mit den unterschiedlichen Kulturen Ihrer Mitarbeiter vertraut. Lernen Sie mehr über verschiedene Denkansätze und »Logiken«. Beurteilen Sie Ihre Beobachtungen neutral, werten Sie nicht. Machen Sie sich Gedanken, wie Sie die Stärken des Einzelnen noch besser in der täglichen Arbeit einsetzen können.

2. Lernen Sie mehr über das Kommunikationsverhalten der unterschiedlichen Kulturkreise. Wenn Sie eine Debatte des französischen Parlaments im Fernsehen verfolgen und, ohne auf die Sprache zu achten, mit einer Debatte des Deutschen Bundestages vergleichen, dann fallen Ihnen bereits wesentliche Unterschiede in der Art der Kommunikation auf. Noch gravierender sind Vergleiche zwischen dem norwegischen und dem italienischen Parlament. Und wenn die Herkunftsländer noch weiter auseinander liegen, dann sind die Unterschiede naturgemäß noch größer. (Es soll ja sogar Kommunikationsprobleme zwischen Süddeutschen und Norddeutschen geben.) Ohne eine Bewertung abgeben zu wollen: Die Unterschiede sind vorhanden – und müssen überwunden werden.

3. Üben Sie gemeinsam mit den Mitarbeitern in Rollenspielen typische (bereits geschehene) Missverständnissituationen durch. Schärfen Sie dadurch bei den Mitarbeitern das Gefühl für Nuancen in der Kommunikation. Lassen Sie die Mitarbeiter hier ihre eigenen Erfahrungen einbringen und anschließend ihre eigenen Probleme lösen. Trainieren Sie die Mitarbeiter in Kreativitätstechniken und lassen Sie sie anschließend die unterschiedlichen Wege zur Lösung demonstrieren.

4. Um zu vermeiden, dass Mitarbeiter ungelöste Probleme aus ihren Heimatländern in gruppendynamischen Prozessen am Arbeitsplatz zu lösen versuchen, sorgen Sie für eine optimale »Mischung« der Mitarbeiter. Lassen Sie Ihre Leute erkennen, dass alle voneinander profitieren, wenn sie die Eigenschaften des jeweils anderen respektieren und von ihm lernen. Dies wird Ihnen in einer kreativen Büroatmosphäre vermutlich leichter fallen als im Umfeld einer Produktionsanlage. Sollten Sie aber feststellen, dass Mitarbeiter trotz aller guten Worte Regionalkonflikte am Arbeitsplatz austragen, dann nutzen Sie schnell, konsequent und eindeutig alle Maßnahmen, die Ihnen das Arbeitsrecht bietet.

Zusammenfassung

Sorgen Sie mit Ihrer Vorbildfunktion dafür, dass alle Mitarbeiter sich gleichwertig fühlen. Nur wer sich in der eigenen Position sicher weiß, wird anderen gegenüber tolerant und vorurteilsfrei auftreten können. Treten Sie aber rechtzeitig und mit aller Entschiedenheit allen entgegen, die sich nicht an die vorgegebenen Spielregeln halten. Nutzen Sie die folgende Checkliste zur Ist-Analyse. Sie können damit historisch gewachsene Unterschiede zwar nicht beseitigen, aber Sie können dafür sorgen, dass die Anzahl der Missverständnisse sukzessive reduziert wird. Sorgen Sie dafür, dass sich jeder angstfrei entfalten kann, denn »Angst macht dumm«.

☑ Checkliste

Die Rollenspielsituation:

- ☐ Wer hat was in welchem Tonfall zu wem gesagt?
- ☐ Was wollte er damit ausdrücken oder erreichen?
- ☐ Was hat der Gesprächspartner verstanden?
- ☐ Warum hat er es so verstanden?
- ☐ Wurden Gefühle und Empfindungen verletzt, Empfindlichkeiten angesprochen?
- ☐ Wie hätte der Dialog lauten können, um Verständigungsprobleme zu vermeiden?

Literatur

- von Hertel, Anita: *Professionelle Konfliktlösung. Führen mit Mediationskompetenz.* Frankfurt/New York, 2008. Campus.

34

Ich möchte mehr über die Stimmung im Betrieb erfahren

Wer rudert, sieht den Grund nicht.

Das Problem

Manchmal haben Sie das Gefühl, dass gewisse Punkte an Ihnen vorübergehen. Sie arbeiten fleißig vor sich hin, vieles bekommen Sie aber nicht mit. Sie erfahren öfters erst im Nachhinein, welche Diskussionen und Entscheidungen in Ihrer Abteilung abliefen. Auf der einen Seite sind Sie zwar stolz, dass Ihre Mitarbeiter selbstständig und unabhängig arbeiten können, auf der anderen Seite möchten Sie aber häufiger in die Entscheidungen miteinbezogen werden, gleichzeitig jedoch vermeiden, dass der Eindruck einer zu starken Kontrolle entsteht. Wie gehen Sie am besten vor?

Fragen, die Sie sich stellen sollten

1. Wie oft lassen Sie sich »vor Ort« sehen?
2. Wie häufig hätten Sie bei Problemen noch rechtzeitig eingreifen können?
3. Wie oft werden Sie von Ihren Mitarbeitern um Hilfe gefragt?
4. Macht es Ihnen Spaß, mit Mitarbeitern auch über private Dinge zu sprechen?
5. Haben Sie ein schlechtes Gewissen, wenn Sie anderen »über die Schulter« schauen?

Tipps zu den Fragen

1. Falls Sie sich nur einmal in der Woche bei Ihren Mitarbeitern sehen lassen, dann sollten Sie die Besuchsfrequenz erhöhen. Nehmen Sie sich die erforderliche Zeit, um Ihre Führungsaufgabe wahrzunehmen. Wenn Sie weniger als ein Drittel Ihrer Zeit für die Führung Ihrer Mitarbeiter einsetzen, sollten sie Ihre Prioritäten neu definieren. Erfahrene Führungskräfte wissen, dass mindestens die Hälfte ihrer Arbeitszeit für das Führungsgeschäft frei bleiben muss. Noch besser: Halten Sie sich an Pareto – 80 Prozent führen und 20 Prozent »arbeiten«.
2. Wenn Sie feststellen, dass durch Ihr rechtzeitiges Einschalten öfters Probleme hätten verhindert werden können, dann ist es aus Gründen der Effektivität angebracht, Ihr Know-how und Ihre Erfahrung den Mitarbeitern häufiger anzubieten.
3. Wenn Sie sehr selten von Ihren Mitarbeitern um Hilfe gefragt werden, dann gibt es dafür zwei Gründe: Entweder man erwartet von Ihnen keine Hilfe (ein bedenkliches Zeichen), oder die Mitarbeiter beherrschen ihren Job aus dem Handgelenk heraus (das ist ebenfalls bedenklich, denn hier besteht die Gefahr der Routine und der fehlenden Herausforderungen).
4. Bei Ihren Besuchen vor Ort sollten Sie nicht nur über dienstliche Dinge sprechen. Wenn Sie Interesse an der Person des Mitarbeiters – und nicht nur an seiner Funktion – zeigen, dann wirkt sich das positiv auf das Betriebsklima aus. Natürlich sollten Sie keine inquisitorischen Fragen über das Privatleben stellen und nicht weiter nachbohren, wenn ein Mitarbeiter über gewisse Themen nicht sprechen will. Sie werden aber feststellen, dass die meisten Menschen es als angenehm empfinden, wenn man mit ihnen auch über persönliche Dinge redet. Vorsicht: Übernehmen Sie nicht die Aufgabe des Problemlösers für private Probleme. Aber wenn Sie mit Sympathie und mit Gefühl den einen oder anderen sinnvollen Tipp übermitteln, gewinnen Sie als Chef. Sind Sie allerdings der Meinung, dass solche Gespräche am Arbeitsplatz nichts zu suchen haben, dann sollten Sie Ihr Führungsverständnis noch einmal überprüfen.
5. Gehen Sie ohne Scheu zu den Mitarbeitern, zeigen Sie Präsenz. Häufig erfahren Sie bei solchen Kontakten sehr viel über die Denkweise, Wün-

sche und Ideen Ihrer Leute – Informationen, die Sie in offiziellen Meetings kaum erhalten würden. Wenn Ihnen bei Ihren »Besuchen« Fragen gestellt werden, dann sorgen Sie innerhalb von spätestens zwei Tagen für eine Antwort. Bieten Sie Ihren Mitarbeitern Ihre Hilfe an. Und – lächeln Sie bei Ihrem Rundgang.

Zusammenfassung

»Management by wandering around« gibt Ihnen ein gutes Gespür für Situationen und später eventuell auftretende Probleme. Sie demonstrieren damit auch Ihren Mitarbeitern, dass sie sich als Dienstleister verstehen, der Hilfe und Unterstützung anbietet. Lassen Sie sich aber nicht als Schiedsrichter in Konflikte zwischen Mitarbeitern hineinziehen, sondern wirken sie als Coach, der den Parteien dabei hilft, ihr Problem selbst zu lösen. Und nutzen Sie dabei die Chance, unverhofft Lob auszusprechen: »Erwisch ihn, wenn er gut war«. Für Ihren Rundgang eignet sich der Morgen am besten, denn dann ist die motivierende Wirkung am größten.

Die Vorteile des »Management by wandering around«:

- Sie erfahren mehr über die Stimmung in Ihrer Abteilung.
- Sie erfahren mehr über Probleme und erhalten die Chance zum Helfen.
- Sie erhalten Input und Informationen, die Sie für Ihre Aufgabe nutzen können.

Literatur

- Dörner, Dietrich: *Die Logik des Misslingens. Strategisches Denken in komplexen Situationen*. Reinbek, 2003. Rowohlt.
- Tierney, Elizabeth: *30 Minuten für erfolgreiche Kommunikation*. Offenbach, 1998. Gabal-Verlag.

35
Mitarbeiter glaubwürdig ansprechen

Die meisten Menschen verwenden mehr Zeit und Kraft,
um Probleme herumzureden, als sie anzupacken.

Das Problem

Bei Gesprächen mit Mitarbeitern haben Sie häufiger das Gefühl, dass Ihr Gegenüber Ihnen zwar zuhört, Ihnen aber nicht glaubt oder vertraut. Sie können dieses Gefühl zwar nicht beweisen, aber der skeptische Blick und die gleichgültige Reaktion signalisieren Ihnen, dass Ihre Botschaft nur im Kopf, aber nicht im Herzen des Mitarbeiters angekommen ist. Was machen Sie falsch? Wie können Sie Ihre Mitarbeiter richtig ansprechen?

Fragen, die Sie sich stellen sollten

1. Sind Sie von dem, was Sie vermitteln, auch tatsächlich überzeugt?
2. Haben Sie sich bei einem solchen Gespräch schon einmal »von außen« betrachtet?
3. Bei welchen Themen haben Sie das Gefühl, dass die Mitarbeiter »abschalten«?
4. Gab es in Ihrem Unternehmen in den vergangenen Jahren einschneidende Veränderungen?

Tipps zu den Fragen

1. Wenn die Antwort auf die erste Frage »Nein« lautet, dann haben Sie schon die Ursache für Ihr Problem ermittelt. Sie können Ihre Botschaft in

noch so schönen Worthülsen verpacken, es wird Ihnen nicht gelingen, Ihre Mitarbeiter glaubhaft zu überzeugen (es sei denn, sie haben mehrere Semester an der Schauspielschule verbracht). Riskieren Sie nicht, Ihre Glaubwürdigkeit zu verlieren, indem Sie um den »heißen Brei herumreden«. Äußern Sie ruhig auch Ihre Zweifel, nur dann wirken Sie glaubhaft.

2. Es ist jeder Führungskraft dringend zu empfehlen, sich einmal selbst in solchen Situationen »von außen« betrachten zu können. Üben Sie Ihren Auftritt einmal vor laufender Videokamera ein. Wenn Sie nicht die Chance in einem Seminarraum nutzen können, dann machen Sie es auf jeden Fall zu Hause im stillen Kämmerlein. Prüfen Sie dann selbstkritisch, wie glaubhaft Sie auf Ihr Publikum wirken. Vermeiden Sie vor allem Druck und Reizworte wie »müssen«. Hüten Sie sich vor nichtssagenden Floskeln, denn damit signalisieren Sie lediglich, dass Ihnen die passenden Worte fehlen.
3. Analysieren Sie, ob es besondere Reizthemen gibt, bei denen Ihre Mitarbeiter Ihnen weniger vertrauen. Machen Sie sich Gedanken, woran es nun liegen kann, dass gerade diese Themen sehr sensibel besetzt sind. Zeigen Sie dann besonderes Einfühlungsvermögen beim Gespräch.
4. Wenn sich in den vergangenen Jahren Änderungen in Ihrem Unternehmen ergeben haben und dabei gemachte Aussage und Versprechen enttäuscht wurden, dann ist die Skepsis der Mitarbeiter gegenüber neuen »goldenen Worten« naheliegend und verständlich. Gerade dann sollten Sie diese Probleme aus der Vergangenheit ansprechen, um nun vertrauensvoll in die Zukunft blicken zu können.

Zusammenfassung

Wir alle wissen heute mehr über rhetorische Tricks, körpersprachliche Signale und Verkaufsmethoden. Durch Negativbeispiele in den Medien vorgewarnt, achten wir heute alle mehr auf Nichtgesagtes beziehungsweise zwischen den Zeilen Gesagtes. Dadurch steigen natürlich die Anforderungen an Vorgesetzte, Botschaften tatsächlich glaubhaft zu vermitteln. Denken Sie an den schmerzhaften Satz: »Der Empfänger hat immer Recht«. Wenn Ihre Botschaft »falsch« ankommt, dann haben Sie das, was Sie sagen wollten, eben nicht »richtig rübergebracht«.

Checkliste

Beispiel für Gesagtes	Beispiel für Gehörtes (bzw. Interpretiertes)
■ Wir werden unsere Jahresziele erreichen	■ Leute, arbeitet kräftig weiter, ich stecke die Belohnung ein.
■ Wir sind ein Team.	■ Kritiker können wir hier keine gebrauchen.
■ Wir werden über Ihren Vorschlag nachdenken.	■ Die Sache hat sich erledigt.
■ Bei uns gibt es offenes Feedback.	■ Positives dürfen Sie jederzeit äußern.
■ Wie Sie bereits wissen, hat sich unser Markt stark verändert.	■ Jetzt wird abgebaut.
■ Durch die Fusion werden keine Arbeitsplätze wegfallen.	■ Die wissen noch nicht, welche Bereiche sie stillegen werden.

Literatur

- Tierney, Elizabeth: *30 Minuten für erfolgreiche Kommunikation.* Offenbach, 1998. Gabal-Verlag.

36

Meine Mitarbeiter sind nicht stolz auf ihre Arbeit

Ich weiß nicht, was soll ich bedeuten?

Das Problem

Ihre Mitarbeiter liefern eine hervorragende Arbeit. Eigentlich könnten alle stolz auf die Leistung der Abteilung sein. Wenn Sie allerdings Ihre Mitarbeiter so bei der Arbeit betrachten, spüren Sie häufig eine gewisse Lustlosigkeit und recht wenig Identifikation mit der Tätigkeit. So richtig verantwortlich fühlt sich auch niemand, man arbeitet halt so vor sich hin. Das möchten Sie ändern, aber wie?

Fragen, die Sie sich stellen sollten

1. Weiß jeder Mitarbeiter, wie wichtig seine Tätigkeit für das Unternehmensziel ist?
2. Weiß jeder, welche Konsequenzen ein Fehler bei seiner Arbeit hätte?
3. Kennt jeder das Endprodukt, das Ihr Unternehmen an Kunden liefert, oder kennt er die gesamte Dienstleistung, die Ihr Unternehmen den Kunden in Rechnung stellt?
4. Werden Ihre Leute regelmäßig beurteilt?
5. Werden Ihre Mitarbeiter regelmäßig über die Unternehmensziele und den aktuellen Stand der Zielerreichung informiert?

Tipps zu den Fragen

1. Häufig stellt man fest, dass Mitarbeiter ihr Arbeitsfeld tatsächlich nur aus der Froschperspektive sehen. Ihnen ist nicht bekannt, welche Bedeutung ihre Tätigkeit für das gesamte Unternehmen hat. Dabei ist es relativ gleichgültig, ob es sich um eine höhere oder niedrigere Vergütungsgruppe handelt.
2. Spätestens bei dieser Frage wird dem Mitarbeiter klar, welche Auswirkungen mangelhafte Arbeit auf das Gesamtergebnis hätte. In der Luftfahrtindustrie ist jeder Mechaniker über die Bedeutung seiner Handgriffe für das Überleben der Mannschaft und der Passagiere informiert. Machen Sie Ihren Mitarbeitern einmal klar, welche Probleme entstehen könnten, wenn sie ihre Arbeit nicht zu 100 Prozent erfüllen.
3. Mitarbeiter sind sehr oft überrascht, wie bedeutsam ihre Tätigkeit tatsächlich ist, an welchen Stellen ihre Produkte oder ihre Arbeit eingesetzt werden. Die Identifikation mit der eigenen Tätigkeit steigt gewaltig, wenn jedem klar ist, welche Bedeutung seine Arbeit aufweist.
4. Wie sollen Mitarbeiter ihre eigene Arbeit und Leistung richtig bewerten können oder gar Fortschritte in ihrem beruflichen Leben messen können, wenn sie nicht regelmäßig beurteilt werden? Mindestens einmal im Jahr (und das ist die Untergrenze) soll der Mitarbeiter gemeinsam mit seinem Vorgesetzten ein Gespräch über Erreichtes und Geplantes führen. Ohne Schulnoten und regelmäßige Zeugnisse hätten wir alle unseren heutigen Wissensstand nie erreichen können.
5. Es ist eigentlich selbstverständlich, dass das Informationsbedürfnis der Mitarbeiter heute regelmäßig befriedigt wird. Diese Information muss durchgängig von der Geschäftsleitung ganz nach »unten« in verständlicher Form geliefert werden. Das Erreichen der Ziele sollte zudem gemeinsam gefeiert werden. Dazu gehört, dass Informationen, welche die Branche und den Kundenkreis des Unternehmens betreffen, den Mitarbeitern unaufgefordert geliefert werden. Die klassischen Werkzeuge wie Hauszeitung oder schwarzes Brett sind heute durch E-Mail und Intranet ergänzt worden. Nutzen Sie diese Hilfsmittel, um ein »Wir«-Gefühl zu erzeugen.

Zusammenfassung

Informieren Sie Ihre Mitarbeiter ruhig öfter. Beantworten Sie die Fragen der Mitarbeiter, bevor sie gestellt werden. Binden Sie auch Ihren Chef in eine offene Informationspolitik ein. Vielleicht regt Sie die folgende kleine Geschichte zum Nachdenken an.

An einer Baustelle kommt ein Passant an einem Maurer vorbei, der gerade einige Steine aufeinander setzt. »Was machen Sie da?«, fragt er ihn. »Ich ziehe eine Mauer hoch.« Ein paar Meter weiter fragt der Passant einen anderen Maurer, der an derselben Wand arbeitet. »Ich baue ein Haus«, sagt der Maurer. Interessant, denkt sich der Passant, die beiden machen doch dasselbe. Nun ist er neugierig geworden und fragt den dritten Maurer: »Was machen Sie da?« Der Dritte schaut ihn strahlend an und sagt: »Ich baue eine Kathedrale.« Wer von den Dreien war wohl am zufriedensten in seinem Job?

Literatur

- Bruce, Anne, Pepitone, James S.: *Mitarbeiter motivieren. Der Praxisratgeber für die neue Führungsposition*. Frankfurt/New York, 2001. Campus.
- Goldfuß, Jürgen W.: *Endlich Chef – was nun? Was Sie in der neuen Position wissen müssen*. Frankfurt/New York, 2006. Campus.
- Sprenger, Reinhard K.: *Mythos Motivation. Wege aus einer Sackgasse*. Frankfurt/New York, 2007. Campus.

37

Ich kann keine Jobgarantie geben, erwarte aber vollen Einsatz

Jeder Schritt führt näher zum Ziel.
Das gilt auch für Rückschritte.

Das Problem

Sie haben bei der Betrachtung Ihrer Abteilung öfter das Gefühl, dass manche Mitarbeiter mit »gebremstem Schaum« arbeiten. Es ist zwar kein Dienst nach Vorschrift, aber volles Engagement ist auch nicht mehr zu spüren. Im Vorübergehen hörten sie einmal den Satz: »Wer weiß, wie lange das hier noch läuft. Warten wir erst mal ab.« Durch Fusionen, Aufkäufe und Stilllegungen selbst von bekannten Unternehmen wissen die Mitarbeiter, dass Gerüchte schnell zu Fakten werden. Auch Behörden sind vor gravierenden Änderungen nicht mehr sicher. Nun, es stimmt zwar, dass es sehr viele Gerüchte über die Zukunft Ihres Unternehmens gibt. Auch Ihnen wäre es lieber, Sie hätten mehr Informationen als Vermutungen, denn es betrifft ja auch Ihre eigene Zukunft. Aber die Situation ist nun mal, wie sie ist – und jammern hilft nun recht wenig. Wie können Sie mehr Einsatz Ihrer Mitarbeiter erreichen, ohne eine Jobgarantie zu geben?

Fragen, die Sie sich stellen sollten

1. Wie hoch ist der Wahrscheinlichkeitsgrad der Gerüchte?
2. Auf welchen Daten bauen die Gerüchte auf?
3. Welche Szenarien könnten sich in Zukunft entwickeln?
4. Was sind die Befürchtungen Ihrer Mitarbeiter?
5. Wie können Sie Ihre Mannschaft wieder aufbauen?

Tipps zu den Fragen

1. Analysieren Sie, auch im Gespräch mit externen Kollegen, wieweit die Gerüchte mit Entwicklungen in der Branche übereinstimmen. Beschaffen Sie sich Informationen aus neutralen Quellen, sprechen Sie mit Ihren Vorgesetzten und den Personen, denen Sie eine kompetente Aussage zutrauen.
2. Sammeln Sie Daten, die für eine objektive Beurteilung erforderlich sind. Sprechen Sie auch mit Ihrem Controller über die Situation, die Entwicklung bis heute und seine Prognosen.
3. Entwickeln Sie Szenarien, wie die Zukunft Ihres Unternehmens aussehen könnte. Betreiben Sie keine Kaffeesatzleserei, sondern zeichnen Sie sich auf einem Blatt Papier kreativ Zusammenhänge und Möglichkeiten auf. Sehr hilfreich bei diesen Denkspielereien ist eine Kreativitätstechnik wie Mindmapping. Achten Sie bei Ihrer kreativen Tätigkeit nicht nur auf die Risiken einer Änderung, sondern auch auf die eventuellen Chancen.
4. Sprechen Sie Ihre Mitarbeiter auf die Gerüchte und ihre Befürchtungen an. An erster Stelle wird die Sorge um den eigenen Arbeitsplatz stehen. Vermeiden Sie, diese Sorge mit unfundierten optimistischen Sprüchen aus der Welt schaffen zu wollen. Sie verlieren damit Glaubwürdigkeit, denn mit Fakten können Sie noch nicht aufwarten.
5. Das Einzige, was in einer solchen Situation hilft, ist Offenheit. Finden Sie gemeinsam die richtige Mischung aus Optimismus, Realismus und Schwarzmalerei. Diskutieren Sie, welche Auswirkungen auf die Abteilung zukommen könnten (unter 3 haben Sie die Punkte bereits ausgearbeitet). Zeigen Sie Ihren Mitarbeitern auf, dass die beste Jobsicherheit darin besteht, für künftige Anforderungen innerhalb und auch außerhalb des Unternehmens vorbereitet zu sein. Sorgen Sie dafür, dass Ihre Mitarbeiter ihre Stärken deutlich sehen, um mit größerem Selbstvertrauen die schwierige Phase leichter zu überstehen.

Zusammenfassung

Wenn Ihre Mitarbeiter bremsen, wird die ganze Abteilung langsamer. Damit beschleunigen Sie unter Umständen Vorgänge, die vielleicht anders abgelaufen wären, hätten alle kräftig mitgearbeitet. Sorgen Sie dafür, dass gerade in solch kritischen Phasen die besten Leute bei der Stange bleiben. Denn die Effektivität Ihrer Abteilung sinkt dramatisch, wenn Sie in Krisenzeiten nur noch mit der »zweiten Wahl« arbeiten können. Erinnern Sie Ihre Mitarbeiter daran, dass das gesamte Leben aus einem ständigen Wechsel besteht und dass jeder Einzelne für sich selbst und seine eigene Weiterentwicklung verantwortlich ist. Wenn Sie diese Einstellung bereits vor Entstehen einer Krise dem Team vermitteln konnten, dann haben Sie es jetzt bedeutend leichter, gemeinsam nach vorne zu schauen.

38
Das Arbeitsklima ist nicht okay

Sei du die Änderung,
die du von der Welt erwartest.

Das Problem

Wenn Sie das Klima in Ihrer Abteilung mit dem manch anderer Abteilungen vergleichen, dann haben Sie das Gefühl, dass man hier noch einiges verbessern könnte. Die Kollegen arbeiten zwar gut miteinander, aber ab und zu ist der Umgangston doch ein wenig unfreundlich. Sie sehen sehr selten ein Lächeln auf den Gesichtern Ihrer Mitarbeiter. Wenn Fehler auftreten, werden eher Schuldige als Lösungen gefunden. Was können Sie tun, um das Arbeitsklima merklich zu verbessern?

Fragen, die Sie sich stellen sollten

1. War das Betriebsklima von Anfang an so schlecht, oder hat es sich erst im Laufe der Zeit so entwickelt?
2. Gab es besondere Anlässe (Änderungen), die den Wechsel bewirkt haben?
3. Haben Sie Ihre Mitarbeiter schon einmal nach Vorschlägen gefragt, wie das Klima verbessert werden kann?
4. Überprüfen Sie selbstkritisch Ihre Vorbildfunktion: Wie steht es um Ihre Rolle?
5. Welche Belohnungen könnten helfen, das Klima zu verbessern?

Tipps zu den Fragen

1. Negatives entwickelt sich oft schleichend und unmerklich. Analysieren Sie, ob das Klima bereits bei Ihrer Amtsübernahme verbesserungswürdig war (und warum es Ihnen damals nicht aufgefallen ist) oder ob es sich einfach im Laufe der Zeit so ergeben hat.
2. Stellen Sie kritisch fest, welche Anlässe einen Grund für eine Klimaverschlechterung gegeben haben könnten. Sprechen Sie auch mit Kollegen aus anderen Abteilungen über deren Beobachtungen.
3. Fragen Sie zuerst die Mitarbeiter, die mit dem Klima nicht zufrieden sind, nach ihren Verbesserungsvorschlägen. Setzen Sie sich dann alle zusammen an einen Tisch, um eventuell tiefer schlummernde Probleme zur Sprache zu bringen und kreative Vorschläge von allen einzufordern.
4. Vielleicht fällt Ihnen beim kritischen Blick in den Spiegel auf, dass Sie Ihr Lächeln morgens auf dem Wege zum Arbeitsplatz bereits verloren haben. Achten Sie auf Ihre Wortwahl und den Ton Ihrer Stimme, lassen Sie öfter ein Tonband mitlaufen, wenn Sie anderen Menschen Anweisungen geben. Fragen Sie einfach mal Ihre Mitarbeiter, was Sie dazutun könnten, um das Klima zu verbessern.
5. Auch wenn es eigentlich selbstverständlich sein sollte, dass Menschen ohne eine Belohnung freundlich sind, ist es vielleicht gar keine schlechte Idee, den Lernprozess zu verstärken, indem beim Erreichen gewisser Maßstäbe (zum Beispiel einmal stündlich gelacht) eine kleine Belohnung ausgelobt wird. Achten Sie bitte darauf, dass sich niemand dabei veralbert fühlt. Es gibt Menschen, die skeptisch oder sogar misstrauisch werden, wenn ihnen Freundlichkeit entgegengebracht wird. Versuchen Sie solchen Kollegen schrittweise ein gesundes Menschenbild zu vermitteln.

Zusammenfassung

Ein angenehmes Arbeitsklima ergibt sich aus der Summe vieler kleiner Faktoren. Dazu gehören die gegenseitige Anerkennung, der Stolz auf die eigene Arbeit, eine angstfreie Kommunikation, die Anerkennung von Ideen, der richtige Umgang mit Fehlern, kleine Überraschungen und das Gefühl, sich dauernd weiterentwickeln zu können. Loben Sie Ihre Mitarbeiter, wenn sie sich in die richtige Richtung bewegen. In einem angenehmen Arbeitsklima ist der Einzelne auch eher bereit, bei Bedarf auf seinen pünktlichen Feierabend zu verzichten.

Literatur

- von Hertel, Anita: *Professionelle Konfliktlösung. Führen mit Mediationskompetenz.* Frankfurt/New York, 2008. Campus.
- Tierney, Elizabeth: *30 Minuten für erfolgreiche Kommunikation.* Offenbach, 1998. Gabal-Verlag.

39

Ich möchte die Mitarbeiter mehr begeistern

Wir leben zwar alle unter demselben Himmel,
aber wir haben nicht alle den gleichen Horizont.

Das Problem

Sie sind ein Mensch, der sich gerne neuen Herausforderungen stellt. Es macht Ihnen Spaß, andere für neue Ideen zu begeistern, ihnen dabei zu helfen, sich weiterzuentwickeln. In Ihrer Abteilung gibt es aber einige Mitarbeiter, denen neue Herausforderungen offenbar Angst machen und die sich bei Änderungen unsicher und unwohl fühlen. Als engagierter Vorgesetzter möchten Sie jedoch auch diese Mitarbeiter aus ihrer »Nische« herausholen. Wie gehen Sie am besten vor?

Fragen, die Sie sich stellen sollten

1. Warum sind manche Mitarbeiter Änderungen gegenüber nicht aufgeschlossen?
2. Welche Änderungen stellen Sie sich vor?
3. Wie können Sie das Interesse der Mitarbeiter wecken?
4. Was müsste konkret gemacht werden?

Tipps zu den Fragen

1. Betrachten Sie zuerst jeden Einzelnen der Mitarbeiter, von denen Sie in Zukunft die Bereitschaft zu Änderungen erwarten. Was den einen her-

ausfordert, macht dem anderen vielleicht Angst. Die Gründe dafür können vielfältig sein: das Elternhaus, die Familiensituation, eigene negative Erfahrungen oder die weltanschauliche Einstellung. Nun können Sie einen Menschen nicht gegen seinen Willen ändern. Sie können ihn aber dazu bringen, sich selbst zu ändern, wenn er sich einen persönlichen Vorteil durch sein geändertes Verhalten verspricht. Gehen Sie behutsam vor. Zeigen Sie auf, dass das ganze Leben ein permanenter Änderungsprozess ist, dass der Mitarbeiter ohne Änderungen in seinem Leben seinen heutigen Stand nie erreicht hätte. Nehmen Sie ihm die Angst vor Änderungen. Zeigen Sie ihm, dass mit jeder Änderung das Risiko von Fehlern verbunden ist, Sie ihn aber unterstützen werden und dass Fehler ein Teil des normalen Lernprozesses im Leben sind.

2. Stellen Sie eine Liste auf mit den Punkten, die Sie gerne geändert sehen – seien es Aufgaben im Bereich Ihrer Abteilung, seien es Änderungen im Verhalten von Personen oder neue Kenntnisse und Fertigkeiten, die Sie von Ihren Mitarbeitern erwarten. Propagieren Sie gleichzeitig die Vorteile, die für die Abteilung und die einzelnen Personen durch die Änderung entstehen. Machen Sie sich auch Gedanken über eventuelle Fehler und Rückschläge, die auftreten könnten. Planen Sie Alternativen und Lösungen ein.

3. An diesem Punkt ist unabdingbar, dass Sie über die Wünsche und Bedürfnisse Ihrer Mitarbeiter informiert sind. Nur wenn Sie die Interessenlage jedes Einzelnen kennen, haben Sie die Chance, mit ihm gemeinsam einen Plan für seine persönliche Zukunft zu entwickeln. Der Mitarbeiter muss erkennen, dass er dank Ihrer Hilfe sich persönlich weiterentwickeln wird und er in Ihnen einen Mentor besitzt, der ihm bei Problemen weiterhilft.

4. Bauen Sie gemeinsam einen Stufenplan auf. Notieren Sie, was der Mitarbeiter bis wann erreicht haben sollte. Verfolgen Sie seine Entwicklung, loben und korrigieren Sie, wo erforderlich, belohnen Sie seine Kreativität und lassen Sie sein Engagement schrittweise wachsen. Zeigen Sie immer wieder die Auswirkungen seiner Tätigkeit und seiner Kreativität auf das gesamte Abteilungsziel auf. Sein Vertrauen in sein Können wird bei jedem neuen Schritt wachsen.

Zusammenfassung

Kreativität kann ansteckend wirken. Wenn Mitarbeiter die Fortschritte eines Kollegen miterleben, wird auch deren Ehrgeiz geweckt. Und wenn sich die Fortschritte für den Einzelnen in irgendeiner Form von Belohnung zeigen, dann wird er schon von sich aus bestrebt sein, Änderungen als eine persönliche Herausforderung anzusehen. Sollte der Mitarbeiter jedoch, was es hin und wieder in der Praxis auch gibt, »aus Prinzip« Änderungen ablehnen, dann sollten Sie sich über eine Änderung des Arbeitsverhältnisses Gedanken machen – diese Art von Mitarbeiter können Sie künftig in Ihrer Abteilung wohl weniger brauchen.

Literatur

- Sprenger, Reinhard K.: *Mythos Motivation. Wege aus einer Sackgasse.* Frankfurt/New York, 2007. Campus.
- Titze, Michael, Eschenröder, Christof T.: *Therapeutischer Humor. Grundlagen und Anwendungen.* Frankfurt am Main, 2007. Fischer Taschenbuch.

40
Ich möchte richtig loben können

Nicht gemotzt ist Lob genug.

Das Problem

Sie sind der Meinung, dass jeder Mensch von sich aus sein Bestes geben sollte, vor allem wenn er dafür regelmäßig bezahlt wird. Andere zu loben ist Ihnen irgendwie peinlich, vielleicht weil Sie selbst in Ihrem Leben bisher wenig gelobt wurden oder weil Sie der Meinung sind, dass man über Selbstverständliches nicht zu sprechen braucht. Vielleicht befürchten Sie sogar, dass Mitarbeiter auf Grund eines Lobes eine Gehaltserhöhung erwarten. Für Sie ist es deshalb eine schwierig zu beantwortende Frage: Wie lobt man richtig?

Fragen, die Sie sich stellen sollten

1. Bei welchen Anlässen wurden Sie bisher gelobt?
2. In welchen Situationen hätten Sie persönliches Lob erwartet?
3. Ist es Ihnen peinlich, ein Lob auszusprechen?
4. Haben Sie Scheu davor, einen Tadel auszusprechen?
5. Was machen Sie, wenn ein Mitarbeiter Sie nach einem Lob anschließend enttäuscht?

Tipps zu den Fragen

1. Erinnern Sie sich doch einmal zurück an Situationen, in denen Sie gelobt wurden. Auch wenn es schon lange Zeit zurückliegt, rufen Sie sich den

Anlass und Ihre Empfindung dabei ins Gedächtnis. Hatten Sie das Gefühl, dass man Sie zu Unrecht lobte oder dass Ihnen die Situation unangenehm war? Wohl kaum. Genauso geht es Ihrem Mitarbeiter.

2. Versuchen Sie sich an Situationen zu erinnern, bei denen Ihrer Meinung nach ein Lob angebracht gewesen wäre, es jedoch ausblieb. Fanden Sie diesen Moment nicht ungerecht? Genauso geht es Ihrem Mitarbeiter.
3. Sie denken vielleicht nun an Lobhudelei, an sich einschmeicheln oder beliebt machen wollen. Wenn Sie der Meinung sind, ein anderer Mensch hat ein Lob verdient, dann äußern Sie das Lob spontan, direkt und ohne Umschweife. »Erwisch ihn, wenn er gut war« ist effektiver und motivierender als das Motto »Erwisch ihn, wenn er einen Fehler macht«.
4. Wenn tadeln Ihnen ein Problem bereitet, dann liegt es vielleicht daran, dass Sie Personalprobleme von Sachproblemen schlecht trennen können. Wenn Sie eine andere Person tadeln, dann greifen Sie bitte nie die Person, sondern nur das Verhalten oder die Leistung an. Denn gegen die Person haben Sie ja nichts einzuwenden, sondern nur gegen das Verhalten der Person. Und das ist der einzige Punkt, der tadelnswert ist. Zeigen Sie auf, welches Verhalten Sie in Zukunft erwarten, und prüfen Sie, ob der Mitarbeiter Ihre Anforderungen allein erfüllen kann oder ob er Hilfe dabei braucht.
5. Wenn der Mitarbeiter nach dem »Einstreichen« des Lobes, das er sich ja wohl verdient hatte, ein Verhalten zeigt, das Sie zu einem Tadel veranlasst, dann befinden sie sich ja in einer neuen Situation. Ein Lob, dass Sie einmal ausgesprochen haben, können Sie nicht zurücknehmen. Es hat also keinen Sinn, zu sagen: »Wenn ich das vorher gewusst hätte, dann hätte ich Sie nicht gelobt«. Gehen Sie nur auf den neuen konkreten Punkt ein, vielleicht mit dem Hinweis »Wir wissen doch beide, dass Sie es besser können«.

Zusammenfassung

Gehen Sie unverkrampft an das Thema Lob und Tadel heran. Wenn Sie einen Mitarbeiter loben, sollte es so sein, dass sich alle Kollegen ebenso an diesem Lob freuen können. Denn ein Lob sollte, auch als Ansporn für die Kollegen, in der Öffentlichkeit erfolgen. Ganz im Gegensatz zum Tadel, der immer unter vier Augen stattfinden sollte. Der umgekehrte Weg ist übrigens die sicherste Methode, Ihre Führungskompetenz schnell zu ruinieren.

☑ Checkliste

Warum »man« nicht lobt:

- Ich habe keine Zeit dazu.
- Andere Chefs loben auch nicht.
- Es ist mir irgendwie peinlich, ich habe ein komisches Gefühl dabei.
- Ich werde ja auch nicht gelobt.
- Gute Arbeit ist selbstverständlich, dafür wird bezahlt.
- Ihre Ausreden: ....

Warum »man« loben sollte:

- Der Mitarbeiter ist ein Vorbild.
- Er motiviert sich selbst und andere.
- Der Mitarbeiter zeigt eine gute Leistung.
- Die Leute lösen selbstständig komplexe Probleme.
- Der Mitarbeiter braucht einen Anreiz.
- Ihre Ideen: ....

Literatur

- Bruce, Anne, Pepitone, James S.: *Mitarbeiter motivieren. Der Praxisratgeber für die neue Führungsposition*. Frankfurt/New York, 2001. Campus.
- Goldfuß, Jürgen W.: *Erfolg durch professionelles Delegieren: So entlasten Sie sich selbst und fördern Ihre Mitarbeiter*. Frankfurt/New York, 2003. Campus.

41

Ich muss einen Mitarbeiter kritisieren, möchte ihn aber nicht demotivieren

Die meisten Menschen wollen lieber durch Lob ruiniert
als durch Kritik gerettet werden.

Das Problem

Sie stehen vor der Aufgabe, einen ansonsten wirklich guten und zuverlässigen Mitarbeiter kritisieren zu müssen. Allerdings ist dieser Mensch ein wenig sensibel gegenüber Kritik, er ist sehr schnell beleidigt und zieht sich dann in sein »Schneckenhaus« zurück. Sie wollen ihn auf gar keinen Fall demotivieren, da er sonst auf absehbare Zeit Ihnen nur mit gebremster Leistung zur Verfügung stehen wird. Seine Kollegen haben schon hie und da den Verdacht geäußert, dass dieser Mitarbeiter von Ihnen bevorzugt wird. Wie gehen Sie am besten vor?

Fragen, die Sie sich stellen sollten

1. Was genau ist der Anlass für Ihre Kritik?
2. Handelt es sich um einen Wiederholungsfall?
3. Was wollen Sie mit Ihrer Kritik erreichen?
4. Kritisieren Sie sein Verhalten oder seine Leistung?
5. Was sollten Sie beim Kritikgespräch beachten?

Tipps zu den Fragen

1. Sammeln Sie alle Punkte, die mit dem konkreten Anlass zu tun haben. Notieren Sie, welche Auswirkungen der zu kritisierende Punkt auf das Re-

sultat des Teams oder des Unternehmens hatte oder hätte haben können. Bereiten Sie sich auf eventuelle Gegenargumente des Mitarbeiters vor.

2. Bei einem Wiederholungsfall nutzen Sie die Daten aus der Vergangenheit, die Sie hoffentlich dokumentiert haben. Prüfen Sie genau, was damals für die Zukunft vereinbart wurde. Untersuchen Sie auch, welche Hinderungsgründe vielleicht aufgetreten sind.

3. An diesem Punkt sollten Sie besonders genau überlegen, was das Ziel Ihrer Kritik ist. Häufig kritisieren Vorgesetzte, ohne sich exakt über das Ziel Ihrer Kritik im Klaren zu sein. Kritik darf nur nach vorne gerichtet sein, ohne Schuldzuweisungen, die im Nachhinein ohnehin nichts verändern würden. »Sie hätten das anders machen müssen« zeigt, wie wenig der Kritisierende sich über die Sinnhaftigkeit seiner Worte Gedanken macht.

4. An dieser Stelle werden die meisten Fehler gemacht, da eine schlechte Leistung meist durch ein entsprechendes Verhalten entstanden ist. Entscheidend ist jedoch nur, ob die vereinbarten Leistungen erbracht wurden oder nicht. Gehen Sie davon aus, dass Sie keinen Einfluss auf das Verhalten einer anderen Person haben. Der Mitarbeiter wird nur dann eine Änderung einleiten, wenn er einsieht, dass er künftig durch die Änderung weniger Probleme oder mehr Vorteile hat.

5. Greifen Sie nie die Person an, sondern diskutieren Sie immer nur die Leistung im Rahmen der getroffenen Vereinbarungen (Zielerreichung). Besonders Mitarbeiter mit einem geringeren Selbstbewusstsein werden Angriffe auf die Person »nie vergessen«. Gehen Sie zum Beispiel so vor: »Herr Meier, Sie sind ein netter Mensch, aber wir haben da ein Problem, das wir gemeinsam lösen müssen. Dazu brauche ich unbedingt Ihre Hilfe.« Mit dieser Form der Ansprache kommen Sie dem Ziel, der Problemlösung, sofort näher.

Zusammenfassung

Die meisten Menschen empfinden beim Wort Kritik eher negative Gefühle. Sorgen Sie durch eine offene Kommunikation innerhalb Ihrer Abteilung dafür, dass jedem Mitarbeiter klar ist, dass nur durch Kritik

Verbesserungen im Leben erreicht werden. Sie darf nicht verletzend oder kränkend ausgesprochen werden, sondern muss dem Kritisierten immer das Gefühl geben, dass die Kritik ihm hilft, besser zu werden. Achten Sie auf Ihre Wortwahl, lassen Sie den Mitarbeiter die Situation aus seiner Sicht schildern.

Literatur

- von Hertel, Anita: *Professionelle Konfliktlösung. Führen mit Mediationskompetenz.* Frankfurt/New York, 2008. Campus.

42

Der Umgang mit einem schwierigen Mitarbeiter

Wer interessieren will, muss provozieren.

Das Problem

Ein schwieriger Mitarbeiter, mit dem Sie es da zu tun haben, glauben Sie. Wodurch genau zeichnet sich der eigentlich aus? Er möchte anders sein als die anderen, glaubt man auf den ersten Blick. Und dieses Anderssein unterstreicht er durch ein Verhalten, das oft provokativen Charakter hat. Er ignoriert vielleicht die Regeln, an die sich seine Kollegen exakt halten. Er widerspricht vielleicht an den Stellen, an denen seine Kollegen mit Ihnen übereinstimmen. Er kommt vielleicht öfter später als erlaubt. Solche Menschen bezeichnet man oft als eigenwillig: Der eigene Wille wird stärker herausgestellt, um auf sich aufmerksam zu machen. Der Umgang mit dieser Art von Mitarbeitern ist auf jeden Fall eine echte Herausforderung für jeden Vorgesetzten. Wie gehen Sie mit solchen Mitarbeitern nun um?

Fragen, die Sie sich stellen sollten

1. Was genau sind die Punkte, die Sie an diesem Mitarbeiter stören?
2. Welche Auswirkungen auf die Arbeitsleistung und das Betriebsklima haben diese Punkte?
3. Hat der Mitarbeiter eine »vorbildhafte« Wirkung auf seine Kollegen?
4. Ist der Mitarbeiter an seiner derzeitigen Stelle über- oder unterfordert?

Tipps zu den Fragen

1. Lassen Sie Ihre Emotionen aus dem Spiel und fragen Sie sich ganz sachlich, welche Punkte Sie an diesem Mitarbeiter stören – und vor allem warum? Fühlen Sie sich in Ihrer Autorität als Vorgesetzter durch das Verhalten des Mitarbeiters etwa gefährdet?
2. Bei Auswirkungen auf die Arbeitsleistung ist es Ihre Pflicht, dem Mitarbeiter Ursache und Wirkung aufzuzeigen und ihn um Vorschläge zur Verbesserung zu bitten. Beeinträchtigt der Mitarbeiter »nur« das Betriebsklima, dann sollte ein Gespräch mit den Mitarbeitern der betroffenen Abteilung stattfinden. Dieses Gespräch ist am besten in einer offenen und freien Atmosphäre ohne Schuldzuweisungen durchzuführen. Dem betroffenen Mitarbeiter sollte von seinen Kollegen erläutert werden, wie sein Verhalten das Klima beeinflusst. In dem Gespräch stellt sich schnell heraus, ob dem Mitarbeiter sein negativer Einfluss bekannt war und wie er sich in Zukunft der Abteilung gegenüber verhalten will.
3. Wenn das Verhalten des Mitarbeiters »vorbildhaft« auf seine Kollegen wirkt, dann werden in kürzester Zeit die meisten Mitarbeiter seinem negativen Vorbild folgen. Deshalb ist es für Sie wichtig, die Punkte rechtzeitig anzusprechen, um eine Fehlentwicklung zu verhindern.
4. Nichts geschieht ohne Grund. Jedem Tun liegt eine positive Absicht zu Grunde, auch wenn es Ihnen im Moment nicht so erscheint. Finden Sie heraus, worauf der Mitarbeiter mit seinem Verhalten aufmerksam machen will. Es handelt sich nämlich um einen Hilferuf, weil er offenbar nicht genügend beachtet wird. Ist der Mitarbeiter in seiner derzeitigen Stelle überfordert, dann sorgen Sie für entsprechende Abhilfe durch Weiterbildung, Umverteilung der Aufgaben oder einen Stellenwechsel. Fühlt sich der Mitarbeiter unterfordert, dann erstellen Sie gemeinsam mit ihm einen Entwicklungsplan, der ihm neue Perspektiven aufzeigt.

Zusammenfassung

Meist sind diese schwierigen Mitarbeiter nicht die Schlechtesten. Machen Sie sich die Mühe, die Gründe für das Verhalten herauszufinden.

Vermeiden Sie den Fehler vieler Führungskräfte, die ihren Job mit weniger Kreativität ausführen und sich von dem Mitarbeiter trennen mit den Worten »Der passt einfach hier nicht rein«. Zur Personalentwicklung gehört, den Mitarbeiter sich weiterentwickeln zu lassen. Echte Führungskräfte betrachten solche Mitarbeiter als persönliche Herausforderung im positiven Sinne.

☑ Checkliste

- ☐ Was sind die wahren Gründe für sein Verhalten?
- ☐ Was will der Mitarbeiter damit erreichen?
- ☐ Sind ihm die Konsequenzen seines Handelns bekannt?
- ☐ Wie können Sie ihm dabei helfen, sich besser zu integrieren?

43
Ich stelle einen neuen Mitarbeiter ein

Wenn du Leute einstellst, die cleverer sind als du,
dann beweist du, dass du cleverer bist als sie.

Das Problem

Es gibt viel zu tun, also packen wir's an – mit neuen Mitarbeitern. Die Personalabteilung hat Ihnen einige Kandidaten zur Auswahl präsentiert, und nun liegt es an Ihnen, eine Entscheidung zu treffen. Eine hundertprozentige Sicherheit bei der Personalauswahl kann es nie geben, aber Sie möchten die Fehlerquote so gering wie möglich halten. Wie gehen Sie am besten vor?

Fragen, die Sie sich stellen sollten

1. Warum stellen Sie einen neuen Mitarbeiter ein, welches Problem soll er für Sie lösen?
2. Was sind die wichtigsten Eigenschaften, die der Bewerber erfüllen muss?
3. Haben Sie eine genaue Stellenbeschreibung erstellt oder wird sich die Stelle im Laufe der Zeit weiterentwickeln?
4. Suchen Sie einen Sachbearbeiter oder eine angehende Führungskraft?

Tipps zu den Fragen

1. Machen Sie sich detailliert Gedanken darüber, was Sie von dem neuen Mitarbeiter erwarten, welche Aufgaben und Probleme er lösen muss. Welchen Zeitrahmen geben Sie ihm, um welche Aufgaben zu erledigen?

2. Wird der neue Mitarbeiter sofort in einem Team arbeiten, oder wird er eher als »Einzelkämpfer« aktiv sein? Für die Integration in ein bestehendes Team ist Teamfähigkeit einer der wichtigsten Faktoren. Ein gutes Indiz für Teamgeist ist, wenn der Bewerber häufiger von »wir« als von »ich« spricht. Stellen Sie fest, ob er eine Position oder eine Aufgabe in Ihrem Unternehmen sucht.
3. Wenn Sie bereits eine genaue Stellenbeschreibung erstellt haben, dann sollten Sie diese dem Bewerber vor dem Gespräch zukommen lassen mit der Bitte, sich bereits Gedanken zu machen, wie er die einzelnen Aufgaben angehen würde. In vielen Fällen entwickelt sich ein Tätigkeitsgebiet erst im Laufe der Zeit. Lassen Sie sich dann von ihm ein Zukunftsszenario entwerfen, um zu sehen, wie kreativ und flexibel er an zukünftige Themen herangehen kann.
4. Das ist eine entscheidende Frage, denn die Anforderungen an eine Fachkraft sind andere als an eine Führungskraft. Während Sie fehlendes Fachwissen durch Schulungen dem Mitarbeiter nachträglich noch weitgehend vermitteln können, sieht es bei den für eine Führungskraft erforderlichen »Soft Skills« anders aus: Die sind entweder vorhanden oder nicht. Belastbarkeit, Risikobereitschaft, Enthusiasmus und eine positive Einstellung werden bereits vor dem Eintritt in das Berufsleben entwickelt. Diese Eigenschaften können Sie im Nachhinein kaum noch trainieren.

Zusammenfassung

Nutzen Sie das Bewerbungsgespräch, um möglichst viel über den Bewerber zu erfahren. Planen Sie ausreichend Zeit für das Gespräch ein, stellen Sie viele Fragen und geben Sie dem Kandidaten ausreichend Zeit, alles zu beantworten. Lassen Sie den Bewerber über seine beruflichen Erfolge und Misserfolge sprechen, über seine Einstellung zu Problemen der Branche – kurz, lassen Sie ihn über möglichst viel reden. Akzeptieren Sie auch Gesprächspausen, unterbrechen Sie nicht. Wählen Sie dann den Besten der Kandidaten aus. Sollten Sie eine oder mehrere Absagen erhalten, finden Sie heraus, warum die Bewerber die Stelle nicht antreten wollen. Prüfen Sie dann erneut das Anforderungsprofil, die Konditionen – und das Image des Unternehmens.

Checkliste

Fragen für ein Bewerbergespräch:

- [ ] Warum sollten wir Sie einstellen?
- [ ] Was waren Ihre zwei erfolgreichsten Projekte?
- [ ] Was war Ihre größte Enttäuschung im Leben?
- [ ] Welche Lücke hinterlassen Sie in Ihrer alten Firma?
- [ ] Was sind die drei wichtigsten Dinge, die Sie von Ihrem Chef erwarten?
- [ ] Was erwarten Sie von Ihrem neuen Job?
- [ ] Was wollen Sie in fünf Jahren machen?

Stellen Sie nach jeder Antwort eine Frage zur Vertiefung des Themas.

Literatur

- Goldfuß, Jürgen W.: *Endlich Chef – was nun? Was Sie in der neuen Position wissen müssen*. Frankfurt/New York, 2006. Campus.

44

Ich muss einem Mitarbeiter kündigen

Lieber ein Ende mit Schrecken
als ein Schrecken ohne Ende.

Das Problem

Die Trennung von einem Mitarbeiter gehört ebenso wie das Einstellen eines Mitarbeiters zu den Spielregeln des Geschäftslebens. Wird die Einstellung eines neuen Mitarbeiters als ein positives Ereignis betrachtet, so wird die Entlassung eines Mitarbeiters eher in einem unangenehmen Licht gesehen. Warum die Trennung von einem Mitarbeiter? Weil sich etwas geändert hat in der bisherigen Basis der Geschäftsbeziehung. Entweder hat sich das wirtschaftliche Umfeld so stark verändert, dass betriebswirtschaftliche Gründe eine Trennung erfordern, oder der Mitarbeiter hat sich in seinem Verhalten oder Leistungsfähigkeit derart verändert, dass keine gemeinsame Grundlage für ein weiteres Miteinander mehr existiert. Wie geht man das Thema am besten an? Welche Alternativen kann es noch geben?

Fragen, die Sie sich stellen sollten

1. Was hat sich geändert gegenüber vorher?
2. Welche Maßnahmen wurden ergriffen, um die Trennung zu verhindern?
3. Welche Probleme ergeben sich für das Unternehmen durch die Trennung?
4. Wie wirkt sich die Trennung auf den Mitarbeiter aus?
5. Wie sehen die Kollegen die Situation?

Tipps zu den Fragen

1. Notieren Sie die Änderungen gegenüber der ursprünglichen Ausgangssituation. Was waren die Auslöser für die Änderungen, und welche Lern-

prozesse haben sich für das Unternehmen daraus ergeben? Häufig werden solche Situationen zum Anlass genommen, auch organisatorische Veränderungen im Unternehmen einzuführen.

2. Wurden alle sinnvollen Maßnahmen ergriffen, um die Kündigung zu vermeiden? Vielleicht ergeben sich bei der Beantwortung dieser Frage noch Denkansätze, um zu einer anderen Lösung zu gelangen. Versuchen Sie, das Know-how (sofern vorhanden und relevant) des Mitarbeiters dem Unternehmen möglichst zu erhalten.
3. Außer finanziellen Aspekten (Abfindungszahlung) sind mögliche Imageprobleme zu berücksichtigen. Wie wird die Trennung außerhalb des Unternehmens aufgenommen, wenn es sich um Mitarbeiter aus dem Vertriebs- oder Servicebereich handelt? Prüfen Sie, ob aus der Trennung von dem Mitarbeiter für die Funktion des Unternehmens eine Gefahr entstehen kann. Dazu gehört auch die Prüfung eventueller Wettbewerbs- oder Konkurrenzfragen.
4. Im Rahmen der Fürsorgepflicht eines Arbeitgebers sind auch eventuell für den Mitarbeiter entstehende Probleme in Betracht zu ziehen. Obwohl hier meist durch entsprechende Gesetze eine gewisse Schutzfunktion besteht, sollten auch die Belange des Mitarbeiters berücksichtigt werden. In der heutigen Zeit der Vernetzung und der Fusionswellen erscheint es sinnvoll, auch an eine mögliche künftige Zusammenarbeit (unter anderer Flagge?) zu denken und die Trennung so »angenehm« wie möglich zu vollziehen.
5. Im Interesse eines guten Betriebsklimas ist es wichtig, dass die verbleibenden Kollegen die Trennung als in irgendeiner Form notwendig ansehen. Geschieht dies nicht, dann bleibt im Mitarbeiterkreis eine gewisse Unsicherheit über die eigene Zukunft zurück.

Zusammenfassung

Bei dem sensiblen Thema der Trennung von einem Mitarbeiter sollte mit offenen Karten und offenen Worten operiert werden.

Alle relevanten Fakten sind zu dokumentieren, um bei einer eventuellen Prüfung durch Externe (zum Beispiel Gericht) eine wasserdichte Argumentationskette aufweisen zu können. Selbstverständlich werden in die Gespräche mit dem betroffenen Mitarbeiter, so weit zutreffend, Betriebs- oder Personalräte eingebunden. Abschließend ist zu sagen: Wenn über die Notwendigkeit einer Trennung Einigkeit besteht, dann gibt es keinen Grund, den Schritt hinauszuzögern.

☑ Checkliste

- ☐ Bereiten Sie alle erforderlichen Unterlagen und Dokumente sorgfältig vor.
- ☐ Bleiben Sie sachlich und freundlich. Es geht um eine Sachfrage, lassen Sie alle Emotionen aus dem Spiel. Seien Sie sich bewusst, dass eine solche Situation für beide Seiten eher unangenehm ist, seien Sie deshalb taktvoll.
- ☐ Machen Sie den Mitarbeiter nochmals auf seine Verschwiegenheitspflicht aufmerksam, weisen Sie darauf hin, dass die im Arbeitsvertrag vereinbarten Klauseln auch nach Vertragsende noch gültig sind (soweit juristisch zulässig). Sie haben zwar auf das Verhalten des Mitarbeiters nach seinem Ausscheiden noch weniger Einfluss als vorher, es schadet aber nicht, auf eventuelle Konsequenzen bei einem Verstoß gegen die vereinbarten Regeln hinzuweisen.
- ☐ Denken Sie daran, dass Sie diesen Mitarbeiter einmal wiedertreffen könnten, vielleicht sogar in der Rolle eines Vorgesetzten. Hinterlassen Sie keine »verbrannte Erde«. Es geht nur um die Beendigung eines Vertragsverhältnisses, um nichts anderes.
- ☐ Machen Sie sich Gedanken, was Sie dazu beitragen können, eine solche Situation in Zukunft zu vermeiden.

Literatur

■ Goldfuß, Jürgen W.: *Endlich Chef – was nun? Was Sie in der neuen Position wissen müssen*. Frankfurt/New York, 2006. Campus.

45

Ein Mitarbeiter hat ein »Kleidungsproblem«

Kleider machen Leute.

Das Problem

Eigentlich ist es Ihnen ja egal, wie sich jemand kleidet, die Hauptsache ist, der Job wird ordentlich ausgeführt. Wenn allerdings gesetzliche Vorschriften oder Kundenerwartungen eine gewisse Kleidungsform erfordern, dann kann es schon mal zu Konflikten zwischen der Vorstellung des Mitarbeiters und der des Arbeitgebers kommen. Hinzu kommen noch die unterschiedlichen Vorstellungen von Mitarbeitern aus unterschiedlichen Ländern. Als Führungskraft sind Sie nun die Person, die die entsprechenden Vorgaben durchsetzen muss. Wie bringen Sie das Ihrem Mitarbeiter bei?

Fragen, die Sie sich stellen sollten

1. Wurden dem Mitarbeiter die Anforderungen bei seiner Einstellung klar gemacht?
2. Sind dem Mitarbeiter die Konsequenzen für ihn oder für das Unternehmen bei Nichteinhaltung der »Vorschriften« bewusst?
3. Gehen Sie als Führungskraft mit gutem Beispiel voran?
4. Wie können Sie für den adäquaten Auftritt des Mitarbeiters sorgen?

Tipps zu den Fragen

1. Prüfen Sie, ob dem Mitarbeiter mit dem Arbeitsvertrag die entsprechenden Richtlinien übergeben wurden. Kontrollieren Sie, ob diese Informationen noch mit den aktuellen Anforderungen übereinstimmen. Stellen Sie bei Mitarbeitern aus anderen Kulturkreisen unmissverständlich klar, welche Anforderungen vor Ort (in Ihrem Unternehmen) gestellt werden.
2. Sprechen Sie den Mitarbeiter auf die Konsequenzen für das Unternehmen an. Nennen Sie ihm vergleichbare Beispiele aus den Bereichen Lebensmittelverkauf, medizinischer Bereich, Justizbereich. Wichtig ist: Der Mitarbeiter muss selbst erkennen, dass seine Kleidung in seinem beruflichen Umfeld ihm und dem Unternehmen Probleme bereiten kann. Zeigen Sie ihm die finanziellen Konsequenzen auf und machen Sie gleichzeitig deutlich, dass das Unternehmen nicht bereit ist, wegen seines Verhaltens Einbußen hinzunehmen.
3. Betrachten Sie selbstkritisch Ihren eigenen »Präsentationsstil«. Sie können von Ihren Mitarbeitern nur das erwarten, was Sie selbst zu geben bereit sind.
4. Gehen Sie anhand der unter Punkt 2 ausgewählten Beispiele mit dem Mitarbeiter zusammen verschiedene Situationen durch und lassen Sie ihn erkennen, dass Ihre Anforderungen sich nicht gegen seine Person richten, sondern lediglich gegen sein professionelles Auftreten in dem Geschäftsbereich, in dem er sein Gehalt bezieht.

Zusammenfassung

Ob jemand im Minirock, mit Zungen-, Nasen- oder Bauchnabel-Piercing seine Aufgabe erfüllt, spielt für die Qualität der Arbeit keine Rolle. Solange kein Kontakt zur Außenwelt, zu Kunden, besteht, kann man mit allen modischen Macken der Menschheit leben. Kritisch, im geschäftlichen Sinne sogar lebensgefährlich, wird das allerdings, wenn

Kunden gewisse Formen des Auftritts nicht akzeptieren und mit einer Verweigerungshaltung reagieren. Ebenso machen ein zu starkes Parfüm, intensiver Aftershave-Geruch oder eine Alkoholfahne den Mitarbeiter beim Kunden nicht zum Sympathieträger. Dann muss jede Führungskraft sensibel, aber eindeutig reagieren.

Literatur

- Begemann, Petra: *Der große Business-Knigge. Was Sie heute im Berufsleben wissen müssen*. Frankfurt am Main, 2007. Eichborn.

46
Ein Mitarbeiter hat ein Alkoholproblem

Alkohol löst die Zunge – aber keine Probleme.

Das Problem

»Wer nicht liebt Wein, Weib und Gesang« ... dagegen ist nichts einzuwenden, aber alles zu seiner Zeit. Das Thema Alkohol ist eines der sensibelsten Themen, mit denen Sie als Führungskraft konfrontiert werden können. Bei der Beurteilung des Themas sind sowohl branchen- als auch firmenspezifische Gewohnheiten zu berücksichtigen. Wann spricht man überhaupt von einem Alkoholproblem? In manchen Berufen ist ein Gläschen beim gemeinsamen Mittagessen in Ordnung, wogegen bei medizinischen Eingriffen im Krankenhaus der Promillespiegel des Arztes bei null Prozent liegen sollte. (Gerade hier werden aber öfter Fälle von Alkoholismus, die vom Betroffenen geschickt kaschiert werden, aufgedeckt). Im Zweifelsfalle sollten Sie sich auf die entsprechenden gesetzlichen oder berufsgenossenschaftlichen Vorgaben beziehen. Es handelt sich beim Thema Alkohol zwar um ein Verhalten, das nicht akzeptabel ist, dessen Ursachen jedoch differenziert zu betrachten sind. Spätestens dann aber, wenn ein Krankheitsbild erkennbar ist, wird Ihre Hilfe als Vorgesetzter zu Ende sein. Dann müssen Fachleute wie Mediziner oder Psychologen sich mit dem »Fall« weiterbeschäftigen. Aber vorher haben Sie noch einige Möglichkeiten des Eingreifens.

Fragen, die Sie sich stellen sollten

1. Welche Beweise liegen für ein Alkoholproblem vor?
2. Seit wann sind Auffälligkeiten bekannt?

3. Hat das Verhalten des Mitarbeiters Auswirkungen auf den betrieblichen Ablauf oder Außenkontakte?
4. Ist sich der Mitarbeiter des Problems bewusst?
5. Welche Hilfsmaßnahmen können Sie ergreifen?
6. Wer kann Sie dabei unterstützen?

Tipps zu den Fragen

1. Die Beweissicherung ist bei einem »Profi« recht schwierig. Die Alkoholfahne weiß er erfolgreich mit Apothekenprodukten zu unterdrücken, für den glasigen Blick ist angeblich eine Erkältung verantwortlich, die häufige Flucht nach draußen liegt am momentanen Unwohlsein, und die zittrigen Hände werden durch Nervosität und Stress erklärt. Das Entsorgungssystem für leere Flaschen ist ebenfalls gut organisiert, ein Flachmann oder eine 0,04-Liter-Flasche lässt sich eben überall gut verstecken. Der sicherste Nachweis mit einem Alkoholtest wird sich aus verschiedenen Gründen im Unternehmen kaum durchführen lassen.
2. Analysieren Sie die Entstehungsgeschichte. Gab es Gründe innerhalb des Unternehmens oder des privaten Umfelds, die das Verhalten des Mitarbeiters negativ beeinflusst haben? Oft sind es Enttäuschungen in der Karriereplanung, die als Auslöser festgestellt werden. Eine starke Überforderung (manchmal auch die Unterforderung) am Arbeitsplatz kann ebenfalls verantwortlich sein.
3. Solange das Verhalten des Mitarbeiters keine Auswirkungen auf den Betriebsablauf und die Kontakte nach außen (Kunden, Lieferanten) hat, werden Sie den Mitarbeiter in einem Gespräch schwer davon überzeugen können, sein Verhalten zu ändern. Gibt es allerdings Beschwerden aus dem Kollegen- oder Kundenkreis, dann sollten Sie mit dem Mitarbeiter ganz offen über diesen Aspekt reden und seine Lösungsvorschläge intensiv diskutieren. Im Rahmen Ihrer Fürsorgepflicht sind Sie ohnehin gehalten, für die Sicherheit am Arbeitsplatz zu sorgen. Und die ist ab einem gewissen Promillepegel nicht mehr gewährleistet.

4. Wenn das bemängelte Verhalten für den Mitarbeiter nicht als Problem erkennbar ist, wird er Ihren Argumenten kaum zugänglich sein. Zeigen Sie ihm die möglichen Risiken seines Verhaltens auf. Drohen Sie aber nicht, sondern zeigen Sie sich von Ihrer fürsorglichen Seite. Machen Sie jedoch gleichzeitig klar, dass die Geduld des Unternehmens begrenzt ist und disziplinarische Maßnahmen bis hin zur Entlassung zu den Instrumenten der Personalführung gehören.
5. Eine Maßnahme ist, bei geselligen Zusammenkünften oder Betriebsfesten den Mitarbeiter nicht zum Alkoholkonsum zu animieren. Dazu gehört, dass auch die Kollegen sich entsprechend verhalten. Wenn Sie unter Punkt 2 betriebsinterne Gründe festgestellt haben, dann sollten Sie hier Lösungen entwickeln.
6. Wenn Sie feststellen, dass Sie mit Ihrem Einsatz der Lösung nicht näher kommen, dann sind Fachleute einzuschalten. Personalabteilung, Betriebsarzt (oder externe medizinische Beratung), Gewerkschaften oder andere Institutionen, die im Anhang aufgeführt sind, können das Problem auf professionelle Art und Weise weiterbearbeiten.

Zusammenfassung

Eine ähnliche Problematik wie beim Thema Alkohol ergibt sich beim Thema Drogen. Beim Drogensüchtigen ist das Erkennen der Sucht für den Laien allerdings noch schwieriger. Wichtig ist bei Ihrem Vorgehen, dass Sie keine Schuldzuweisungen treffen, sondern den Gedanken der Hilfe im Vordergrund erkennen lassen.

Literatur

- Sprenger, Reinhard K.: *Das Prinzip Selbstverantwortung. Wege zur Motivation.* Frankfurt/New York, 2007. Campus.

47 Ein Mitarbeiter lügt mich an

Nicht in den Worten suche die Wahrheit,
sondern in den Augen.

Das Problem

Es gibt Menschen, die nehmen es mit der Wahrheit nicht so genau, getreu dem Motto: Alles ist relativ. Einer Ihrer Mitarbeiter gehört zu dieser Kategorie. Daten, die er Ihnen nennt, stimmen häufig nicht. Termine, die er verspricht, werden selten eingehalten. Die Gründe, die er für das Nichterreichen von Vorgaben nennt, haben schon orientalische Märchenerzählerqualitäten. Langsam neigt sich Ihre Geduld dem Ende zu. Was tun mit dem »Lügenbeutel«?

Fragen, die Sie sich stellen sollten

1. Wann ist Ihnen aufgefallen, dass der Mitarbeiter nicht die Wahrheit sagt?
2. Welche Beweise haben Sie für Ihre Behauptung?
3. Wie reagiert er, wenn Sie ihn damit konfrontieren?
4. Was könnten die Gründe für sein Verhalten sein?
5. Was wollen Sie konkret unternehmen?

Tipps zu den Fragen

1. Wenn der Mitarbeiter von Anfang an dieses Verhalten zeigte, dann wird er sich wundern, warum man ihn erst jetzt auf diese Punkte anspricht.

Haben Sie allerdings erst seit kurzem festgestellt, dass seine Aussagen nicht stimmen, dann sollten Sie prüfen, warum er jetzt so reagiert. Die Neigung, die Wahrheit zu korrigieren, entwickelt sich sehr schnell in einer Situation der Überforderung. Dasselbe geschieht leicht bei Zielvorgaben, von denen der Mitarbeiter überzeugt ist, dass er sie nicht erreichen kann.

2. Sammeln Sie Beweise. Halten Sie alle Vereinbarungen und relevanten Gespräche mit dem Mitarbeiter schriftlich fest und geben Sie ihm eine Kopie Ihrer Protokolle.

3. Nur wenn Sie eindeutige »Beweise« für Ihre Thesen vorlegen können, sollten Sie ein Gespräch mit dem Mitarbeiter über das Thema führen. An seiner Reaktion erkennen Sie dann, ob er bewusst Daten verfälscht oder ob eine gewisse »Unschärfe« zu seinem Alltag gehört. Beweisen Sie ihm anhand der Daten, welche Probleme durch sein Verhalten entstehen. Ihre Botschaft wird noch eindeutiger, wenn Sie einen eventuell entstandenen finanziellen Schaden quantifizieren können.

4. Wenn Sie bei Punkt 1 bereits eine Überforderung festgestellt haben, dann sorgen Sie für die Lösung des Problems. Bieten Sie Hilfe an. Konnten Sie selbst bisher keinen Grund feststellen, dann fragen Sie ihn einfach, warum er sich so verhält. Zwingen Sie ihn zu klaren Aussagen. Vielleicht sind seine Lügen auch ein Signal, sich mit ihm zu beschäftigen, auf ihn aufmerksam zu machen. Zeigen Sie ihm, dass das der falsche Weg ist, mehr Aufmerksamkeit zu erhalten.

5. Legen Sie mit Ihm gemeinsam die nächsten Schritte fest. Setzen Sie Meilensteine in kurzen Abständen zur Überprüfung seiner Fortschritte. Bestehen Sie darauf, dass er sich sofort bei Abweichungen an Sie wendet, um eine gemeinsame Lösung zu finden.

Zusammenfassung

Geben Sie dem Mitarbeiter keine Chance, von den gemeinsam vereinbarten Schritten abzuweichen. Bestehen Sie eindeutig auf Einhaltung der Spielregeln. Wenn sich trotz Ihrer Bemühungen keine Änderung im Verhalten des Mitarbeiters ergibt, dann sollten Sie auf einer Änderung des Arbeitsverhältnisses bestehen. Mit unzuverlässigen Mitarbeiter werden Sie Ihre Ziele nie zuverlässig erreichen können.

Literatur

- Bruce, Anne, Pepitone, James S.: *Mitarbeiter motivieren. Der Praxisratgeber für die neue Führungsposition.* Frankfurt/New York, 2001. Campus.

48
Ein Mitarbeiter lehnt alles Neue ab

Niemand ist so uninteressant
wie ein Mensch ohne Interesse.

Das Problem

Einer Ihrer Mitarbeiter ist resistent gegen jede Änderung oder sogar Neuerung. Jeder Ansatz wird von ihm mit den Standard-Killerfloskeln abgewürgt: »Das wird nie funktionieren«, »das haben wir früher schon einmal probiert«, »das ist alles viel zu teuer«, »wenn Sie so lange in der Branche wären wie ich, dann wüssten Sie, dass das nicht geht«. Egal, welche Argumente Sie vorbringen, dieser Mitarbeiter will einfach nichts verändert wissen. Wenn Menschen wie er über unsere Entwicklungsgeschichte bestimmt hätten, dann würden wir uns heute noch mit Pferd und Wagen fortbewegen. Es nützt Ihnen nichts, wenn Sie sich über diese Spezies von Mitmensch ärgern, aber was sollen Sie tun?

Fragen, die Sie sich stellen sollten

1. Wie lange ist dieser Mitarbeiter schon in dieser Position?
2. Welche Rückschläge hat er in seinem Berufsleben bisher erlitten?
3. Was sind seine Vorstellungen für die Zukunft?
4. Welche besonderen Merkmale dieses Mitarbeiters könnte man künftig besser nutzen?
5. Wie wird dieser Mitarbeiter von seinen Kollegen betrachtet?

Tipps zu den Fragen

1. Wenn der Mitarbeiter schon sehr lange in seiner derzeitigen Position ist, dann spricht sein Verhalten für ausgeprägte Betriebsblindheit. Um ihn für das Unternehmen zu »reaktivieren« ist es erforderlich, ihn auch gegen seinen Willen in Änderungen mit einzubeziehen. Ist er relativ neu im Unternehmen, dann muss er lernen, sich von seinem mitgebrachten Ballast zu befreien. Zeigen Sie ihm anhand von Beispielen auf, dass sich auch in seiner Vergangenheit Dinge regelmäßig weiterentwickelten, dass auch in seinem beruflichen Umfeld die Zeit nie stillgestanden hat.
2. Finden Sie im Gespräch mit dem Mitarbeiter heraus, welche negativen Erfahrungen er in der Vergangenheit bei der Einführung von Änderungen gemacht hat. Analysieren Sie mit ihm gemeinsam die Gründe für seine heutige Angst vor Veränderungen, denn um eine solche handelt es sich.
3. Lassen Sie sich einmal erklären, wie er sich seine berufliche und auch seine persönliche Zukunft vorstellt. Lassen Sie ihn erkennen, dass das ganze Leben ein permanenter Änderungsprozess ist, an dem jeder zwangsweise teilnimmt, freiwillig oder unfreiwillig.
4. Finden Sie heraus, welche Fähigkeiten oder Eigenschaften dieses Mitarbeiters im Unternehmen besser eingesetzt werden können. Nutzen Sie auch die Fähigkeiten der Menschen, die eine negative Betrachtungsweise besitzen, denn jedes ihrer Argumente liefert Ihnen einen Denkansatz, Neuerungen positiv zu »verkaufen«.
5. Wenn dieser Mitarbeiter von seinen Kollegen ob seiner Einstellung eher belächelt wird, dann wird er sich noch tiefer in seiner Denkwelt verstricken. Sorgen Sie für einen offenen Informationsaustausch, geben Sie dem Mitarbeiter die Chance, auch die Vorteile von Änderungen selbst zu entdecken.

Zusammenfassung

Die Gründe für die Ablehnung von allem Neuen liegen in der unterschwelligen Angst begründet, Bekanntes zu verlieren und ein unbekanntes Risiko einzugehen. Bei diesem Typ von Mitarbeiter ist es unabdingbar, ihn bereits vor Änderungen mit einzubeziehen und nicht, wie es in der Praxis häufig geschieht, vor vollendete Tatsachen zu stellen. Übrigens: Mitarbeiter mit einer geringeren beruflichen Qualifikation, die sich durch das Senioritätsprinzip einen Posten im Unternehmen erarbeitet oder »ersessen« haben, haben bei Veränderungen naturgemäß die meisten Bedenken, da sie ihre Position am ehesten gefährdet sehen.

☑ Checkliste

- ☐ Hat der Mitarbeiter Angst vor Änderungen?
- ☐ Welche seiner Befürchtungen können Sie nachvollziehen?
- ☐ Wie können Sie die Befürchtungen aus dem Weg räumen?
- ☐ Hat der Mitarbeiter zu wenig Selbstvertrauen?
- ☐ Wie können Sie seinen Ehrgeiz wecken?
- ☐ Welche »Belohnung« können Sie ihm in Aussicht stellen, wenn er sich ändert?

Literatur

- Bruce, Anne, Pepitone, James S.: *Mitarbeiter motivieren. Der Praxisratgeber für die neue Führungsposition.* Frankfurt/New York, 2001. Campus.
- Blanchard, Kenneth u.a.: *Das Minuten-Manager-Buch.* Reinbek, 2007. Rowohlt.
- Sprenger, Reinhard K.: *Das Prinzip Selbstverantwortung. Wege zur Motivation.* Frankfurt/New York, 2007. Campus.
- Sprenger, Reinhard K.: *Die Entscheidung liegt bei dir! Wege aus der alltäglichen Unzufriedenheit.* Frankfurt/New York, 2004. Campus.

49

Ein Mitarbeiter leistet weniger, als er könnte

Nur ein mittelmäßiger Mensch
ist immer in Hochform.

Das Problem

Einer Ihrer Mitarbeiter ist zwar engagiert und macht seinen Job auch zu Ihrer Zufriedenheit, aber Sie haben dennoch das Gefühl, dass in diesem Mitarbeiter noch verborgene Reserven stecken. Auch aus seinem Kollegenkreis haben Sie gehört, dass er sich früher – bevor Sie als Führungskraft hinzugekommen sind – mehr engagierte und mehr Leistung zeigte. Sie möchten die Fähigkeiten dieses Mitarbeiters besser »nutzen«. Wie gehen Sie am besten vor?

Fragen, die Sie sich stellen sollten

1. Kann der Mitarbeiter derzeit nicht mehr leisten, oder will er nicht mehr leisten?
2. Wo könnten die Gründe für seine Zurückhaltung liegen?
3. Ist der Mitarbeiter mit der derzeitigen Situation zufrieden?
4. Weiß der Mitarbeiter, dass Sie von ihm mehr Leistung erwarten?
5. Wie können Sie Ihr Ziel, die Fähigkeiten dieses Mitarbeiters künftig mehr zum Einsatz zu bringen, erreichen?

Tipps zu den Fragen

1. Stellen Sie fest, ob es Gründe für eine Leistungsreduzierung gibt, wie diese aussehen oder ob der Mitarbeiter tatsächlich im Moment nicht mehr zum Erfolg der Abteilung beitragen kann.
2. Finden Sie heraus, was die Gründe für die – von Ihnen vermutetete – Zurückhaltung sind. Wenn die Gründe in Ihrer Führung liegen sollten, dann sprechen Sie das Thema offen an. Spüren Sie auf, was nicht optimal »läuft«. Zeigen Sie ihm, dass sich Ihr Unternehmen keinen vorzeitigen Ruheständler leisten kann und will.
3. Wenn der Mitarbeiter mit der derzeitigen Situation (zu) zufrieden ist, versuchen Sie, ihm herausfordernde Aufgaben zu übertragen. Ist er nicht zufrieden und hält sich deshalb zurück, klären Sie den Grund der Unzufriedenheit und planen Sie gemeinsame Schritte für die Zukunft.
4. Stellen Sie sicher, dass der Mitarbeiter von Ihrer Erwartungshaltung weiß. Vielleicht ist ihm gar nicht klar, dass Sie ihm mehr zutrauen. Mehr fordern heißt den anderen fördern. Fordern Sie ihn heraus.
5. Machen Sie einen gemeinsamen Plan, welche Schritte den Mitarbeiter weiterbringen. Legen Sie die Meilensteine zur Überprüfung der Fortschritte fest, geben Sie ihm permanent Rückmeldung über seine Fortschritte (auch über eventuelle Rückschritte), liefern Sie permanent Feedback.

Zusammenfassung

In der Praxis zeigt sich immer wieder, dass Mitarbeiter Leistung zurückhalten, weil die Leistung nicht entsprechend gewürdigt wird (fehlendes Lob), weil der Mitarbeiter »falsch« behandelt wurde (Ansprache, Tonfall?) oder weil er zu wenig über die künftige Entwicklung im Zusammenhang mit seinen persönlichen Perspektiven informiert wurde. Kommunikation heißt das Lösungswort für solche Probleme. Dazu gehört auch, einem Mitarbeiter klar mitzuteilen, dass die Sicherung seiner persönlichen Existenz eng an die Existenz des Unternehmens gekoppelt ist.

☑ Checkliste

- ☐ Zeigen Sie dem Mitarbeiter, dass Sie ihn für die Erfüllung der Aufgaben brauchen.
- ☐ Geben Sie ihm eine Aufgabe, bei der er schnell ein Erfolgserlebnis bekommt.
- ☐ Fragen Sie ihn um seine Meinung, binden Sie ihn in Ihre Entscheidungen ein.
- ☐ Geben Sie ihm mehr Freiheitsgrade, machen Sie ihn zum »Mitunternehmer«.

Literatur

- Bruce, Anne, Pepitone, James S.: *Mitarbeiter motivieren. Der Praxisratgeber für die neue Führungsposition.* Frankfurt/New York, 2001. Campus.

50

Ein Mitarbeiter stört mich dauernd

Das schlechteste Rad
macht den meisten Lärm.

Das Problem

Ihre ohnehin knappe Zeit wird von einem Ihrer Mitarbeiter über Gebühr beansprucht. Während alle anderen sich an Ihre »Sprechzeiten« gewöhnt haben und zu den reservierten Blockzeiten zu Ihnen kommen, ist bei diesem Mitarbeiter alles wahnsinnig dringend, er muss auf der Stelle mit seinem Chef sprechen, erläutert seine Probleme dann stets in epischer Breite und erwartet auch sofort eine Antwort auf seine Fragen. Seine Kollegen bekommen das natürlich mit und finden, dass Sie ihn bevorzugt behandeln, weil Sie offenbar jederzeit ein offenes Ohr für seine Problem zeigen. Sie müssen etwas unternehmen, aber was?

Fragen, die Sie sich stellen sollten

1. Wie gravierend sind die Probleme, mit denen er Sie »behelligt«?
2. Könnte der Mitarbeiter – mit ein wenig Nachdenken – die Fragen selbst beantworten?
3. Wie können Sie ihn dazu bringen, sich in Zukunft kurz zu fassen?
4. Wie können Sie ihm dazu verhelfen, seine Probleme weitgehend selbst zu lösen?

Tipps zu den Fragen

1. Analysieren Sie die Probleme, die er Ihnen im Laufe einer Periode präsentiert. Handelt es sich tatsächlich um komplizierte Sachverhalte oder nicht doch eher um triviale Themen, die er vielleicht sogar ein wenig überhöht darstellt, um mehr Aufmerksamkeit zu erhalten? Lassen Sie sich nicht sofort auf eine Diskussion ein, sondern vereinbaren Sie einen Termin zu einem späteren Zeitpunkt heute oder am nächsten Morgen.

2. Schauen Sie die Probleme an und prüfen Sie, ob der Mitarbeiter aufgrund seines Wissens und seiner Erfahrung die Angelegenheit hätte selber klären können oder ob ihm das fachliche Know-how für die Beantwortung der Fragen fehlt. Wenn Letzteres stimmt, dann sollten Sie für die entsprechende Aus- und Weiterbildung sorgen.

3. Zeigen Sie ihm, wie man Themen schnell auf den Punkt bringt. Erlauben Sie ihm drei Sätze, in denen er das Problem punktgenau schildert. Geben Sie ihm eine Zeitvorgabe: »Sie haben vier Minuten Zeit, mir das Problem zu schildern.« Manche Mitarbeiter haben nie gelernt, sich kurz und prägnant zu artikulieren (hier ist oft ein Nord-Süd-Gefälle in Deutschland spürbar). Helfen Sie ihm dabei durch Ihre Vorgaben, schicken Sie ihn bei Bedarf auf ein entsprechendes Seminar.

4. Ihr weitergehendes Ziel muss sein, jeden Mitarbeiter so weit zu bringen, dass er seine Problem selbst lösen kann, und sich erst dann einzuschalten, wenn er nicht weiterkommt oder erkennt, dass eine schnelle Entscheidung seine Kompetenzen überfordern würde. Fragen Sie Ihren Mitarbeiter das nächste Mal, wenn er wieder mit einem Problem bei Ihnen auftaucht: »Welche drei Lösungsvorschläge haben Sie für das Problem mitgebracht?«
   Nach der ersten Überraschung klären Sie ihn über Ihr Ziel auf. Sie möchten, dass er sich selbst Gedanken über die Lösung seines Problems macht. Und beim Nachdenken entwickelt er meist eine Lösung – ohne Sie einschalten zu müssen.

Zusammenfassung

Kürzen Sie die Gespräche mit solchen Mitarbeitern ab, indem Sie beim Betreten des Raumes aufstehen, auf den Mitarbeiter zugehen und ihn fragen: »Was kann ich sofort für Sie tun?« Geben Sie ihm keine Chance, sich bequem hinzusetzen. Zwingen Sie ihn zum Selbstdenken, zur eigenständigen Entwicklung seiner Fähigkeit der Problemlösung. Wenn der Mitarbeiter diese Art der Ansprache bisher nicht gewohnt ist, wird er vielleicht überrascht sein. Nach einer Zeit der Gewöhnung an den »neuen Stil« entwickelt sich der Mitarbeiter zu einem »denkenden Wesen«.

Literatur

- Blanchard, Kenneth u.a.: *Das Minuten-Manager-Buch*. Reinbek, 2007. Rowohlt.
- Sprenger, Reinhard K.: *Die Entscheidung liegt bei dir! Wege aus der alltäglichen Unzufriedenheit*. Frankfurt/New York, 2004. Campus.

51

Ein Mitarbeiter erpresst mich: »Mehr Geld oder ich gehe«

Bevor jemand geht, ist er meist schon längere Zeit weg.

Das Problem

Eine unangenehme Situation – für beide Seiten. Der Mitarbeiter ist allerdings in einer schlechteren Position, denn er befindet sich bereits auf der Verliererstraße, auch wenn er glaubt, im Moment noch die besseren Karten in der Hand zu halten. Denn eine solche Situation hat immer einen erpresserischen Charakter – und niemand lässt sich gerne erpressen. Das bisherige Vertrauensverhältnis, wenn es je bestand, ist mit einer solche Bemerkung zerstört, es geht jetzt nur noch um Schadensbegrenzung. Wie gehen Sie am besten vor?

Fragen, die Sie sich stellen sollten

1. Welchen »Wert« hat dieser Mitarbeiter für das Unternehmen?
2. Aufgrund welcher Tatsachen wäre er tatsächlich »mehr Wert« für das Unternehmen?
3. Nutzt er seine Stellung aus, pokert er nur?
4. Was passiert, wenn er das Unternehmen verlässt?

Tipps zu den Fragen

1. Prüfen Sie objektiv, gemeinsam mit dem Mitarbeiter, welchen Beitrag er zum Geschäftserfolg tatsächlich leistet. Manche Mitarbeiter haben, weil keine offene Informationspolitik betrieben wird, irreale Vorstellungen

von ihrem Beitrag zum Unternehmensgewinn. Sprechen Sie mit dem Mitarbeiter über das Thema.

2. Welche »wertsteigernden Maßnahmen« hat der Mitarbeiter betrieben, um für das Unternehmen einen Mehrwert zu bieten? Dazu gehören alle Maßnahmen, die ihn auch für künftige Aufgaben für das Unternehmen prädestinieren.
3. Wenn der Mitarbeiter nur seinen »Marktwert« austesten will, zeigen Sie ihm deutlich, wie Sie persönlich die aktuelle Diskussion empfinden. Auch wenn Sie sich von ihm enttäuscht fühlen, nehmen Sie die Situation mit professioneller Gelassenheit.
4. Spielen Sie die »worst case«-Situation einmal durch. Was bedeutet es für den aktuellen und künftigen Geschäftsbetrieb, wenn der Mitarbeiter das Unternehmen kurzfristig verlässt? Es kann durchaus sein, dass Sie sich durch eine wenig vorausschauende Personalpolitik in eine erpressbare Situation hineinmanövriert haben. Sie haben die Unberechenbarkeit von »Primadonnen« nicht rechtzeitig erkannt. Im Notfall müssen Sie jetzt auf die Forderungen des Mitarbeiters eingehen – und parallel dazu auf Hochtouren eine zukunftsträchtige Lösung zu suchen.

Zusammenfassung

Die »Trennung wegen Geld« ist für beide Seiten die einfachste und fantasieloseste Art, eine Beziehung zu beenden. Denn dieses Argument entbindet beide Seiten von einer tieferen Analyse der wahren Gründe für das Auseinandergehen. Den Mitarbeiter entbindet es von der Überlegung, ob er sich im Unternehmen richtig präsentierte, und den Vorgesetzten befreit es von tieferem Nachdenken über den eigenen Führungsstil, denn er konnte »leider nicht mehr Geld« anbieten.

Literatur

- Bruce, Anne, Pepitone, James S.: *Mitarbeiter motivieren. Der Praxisratgeber für die neue Führungsposition.* Frankfurt/New York, 2001. Campus.

52

Meine Erwartungen an die Mitarbeiter werden nicht erfüllt

Es wäre still im Wald, wenn nur die Vögel
mit den schönsten Stimmen sängen.

Das Problem

Als Vorgesetzter sind Sie ein wahres Vorbild. Fleiß, Disziplin, Arbeitsqualität, Einsatzbereitschaft und Loyalität zum Unternehmen kennzeichnen Ihren Stil. Dieselben Eigenschaften glauben Sie zu Recht von Ihren Mitarbeitern erwarten zu können. Leider müssen Sie immer wieder feststellen, dass Ihre Mitarbeiter andere Prioritäten setzen beziehungsweise andere Standards besitzen als Sie. Erwarten Sie etwa zu viel von Ihren Mitarbeitern? Gibt es hier etwa zwei unterschiedliche Denkwelten?

Fragen, die Sie sich stellen sollten

1. Wieso sollten Sie der Maßstab für die Beurteilung anderer Menschen sein?
2. Welche Meinung haben Ihre Kollegen zu dem Thema?
3. Was könnten Sie von Ihren Mitarbeitern lernen?
4. Haben Sie Ihren Mitarbeitern Ihre Erwartungen deutlich gemacht?

Tipps zu den Fragen

1. Wenn Sie als Vorgesetzter lediglich Kopien von sich selbst in Ihrem Umfeld sehen möchten, dann stellen Sie sich einige Kosmetikspiegel auf Ihren Schreibtisch. Jeder Mitarbeiter hat das Recht, seine Aufgaben auf

seine Art und Weise zu erfüllen, mit der eigenen Kreativität und Sorgfalt. Da jeder Mensch seinen eigenen subjektiven Betrachtungswinkel zu den unterschiedlichsten Begriffen besitzt, ist es wenig sinnvoll, die eigenen Maßstäbe auf andere übertragen zu wollen. Auch Sie besitzen bestimmt Eigenschaften, die auf andere Menschen nicht vorbildhaft wirken. Entscheidend für Ihre Funktion ist: Sie müssen dafür sorgen, dass die gemeinsamen Ziele erreicht werden.

2. Tauschen Sie sich bei diesem Thema mit Ihren Abteilungsleiterkollegen aus, um zu sehen, wie das Thema aus deren Sicht betrachtet wird. Vielleicht stellen Sie dabei fest, dass Ihre Sicht »antiquiert« wirkt. Machen Sie sich Gedanken über Ihren Standpunkt. Die Welt ändert sich, tun Sie es auch.

3. Als Vorgesetzter sollten Sie regelmäßig eine aktualisierte Übersicht über die Eigenschaften, Stärken und Schwächen Ihrer Mitarbeiter in der Schublade liegen haben. Gehen Sie selbstkritisch diese Eigenschaften durch. Überlegen Sie einmal, welche dieser Eigenschaften auch Ihnen ganz gut tun würden.

4. Diskutieren Sie gemeinsam mit Ihren Mitarbeitern deren Vorstellungen von den Begriffen, bei denen Sie eine unterschiedliche Bewertung feststellen. Lernen Sie in den Gesprächen, Punkte auch aus einem anderen Blickwinkel zu betrachten.

Zusammenfassung

Gerade wenn der Altersunterschied zwischen Ihnen und Ihren Mitarbeitern nicht unbeträchtlich ist, werden Sie unterschiedliche Betrachtungsweisen feststellen. Dabei spielt es keine Rolle, welcher Standard »besser« oder »schlechter« ist. Der einzig entscheidende Punkt ist, dass die vereinbarten Ziele in der vereinbarten Zeit mit der vereinbarten Qualität erreicht werden. Sie werden nicht dafür bezahlt, der Welt Ihre Maßstäbe zu vermitteln, sondern dafür zu sorgen, dass das erreicht wird, was Ihr Chef von Ihnen erwartet.

☑ Checkliste

- ☐ Wissen die Mitarbeiter genau, was Sie erwarten?
- ☐ Wissen sie, warum Sie es erwarten?
- ☐ Wissen die Mitarbeiter, wie sie es machen sollen?
- ☐ Glauben Ihre Leute vielleicht, Ihre Vorgehensweise funktioniert nicht?
- ☐ Gibt es Hindernisse, die Ihnen unbekannt sind?
- ☐ Haben die Mitarbeiter Befürchtungen, von denen Sie nichts wissen?

Literatur

- Ellis, A.: *Training der Gefühle. Wie Sie sich hartnäckig weigern, unglücklich zu sein*. München, 2007. mvg Verlag.
- Sprenger, Reinhard K.: *Das Prinzip Selbstverantwortung. Wege zur Motivation*. Frankfurt/New York, 2007. Campus.

53

Ich muss die richtigen Seminare für meine Mitarbeiter auswählen

Machen Sie sich keine Sorgen darüber, dass die Mitarbeiter, die Sie weiterbilden, Sie eines Tages verlassen könnten. Machen Sie sich lieber Sorgen über die, die sich nicht weiterbilden – und bleiben.

Das Problem

Weiterbildung ist, nicht zuletzt durch aktuelle gesetzliche Regelungen, ein Thema, das an Bedeutung immer mehr gewinnen wird. Sie werden von Ihren Mitarbeitern häufiger darauf angesprochen, geeignete Weiterbildungsmaßnahmen auszuwählen und dafür zu sorgen, dass der Wissensstand der Mitarbeiter permanent steigt. Die Personalabteilung liefert Ihnen regelmäßig einen neuen Stapel Prospekte der zahlreichen Seminaranbieter. Was sollen Sie für wen auswählen?

Fragen, die Sie sich stellen sollten

1. Bei welchen konkreten Themen und Aufgaben haben Sie Wissenslücken entdeckt?
2. Welche dieser Lücken könnten Sie mit firmeninternen Maßnahmen füllen?
3. Sollten diese fachbezogen oder fachübergreifend sein?
4. Wie können Sie den Erfolg von Weiterbildungsmaßnahmen sicherstellen?
5. Wie können Sie sicherstellen, dass der Mitarbeiter sein neues Wissen nicht anschließend einem anderen Unternehmen zur Verfügung stellt?

Tipps zu den Fragen

1. Bei den regelmäßigen Mitarbeitergesprächen sollten Sie nicht nur den betroffenen Mitarbeiter fragen, bei welchen Themen ein Nachholbedarf besteht, sondern Sie können sich auch die Meinung seiner Kollegen zu diesem Punkt einholen. Auf diese Art und Weise erhalten Sie zudem einen recht guten Überblick über die Einschätzung der Mitarbeiter untereinander.
2. Bei vielen Themen ist das erforderliche Know-how bereits in der eigenen Abteilung oder im Unternehmen vorhanden. Bitten Sie den »Wissensträger«, sein Wissen didaktisch aufzubereiten und in einer oder mehreren Trainingsstunden seinen Kollegen zu vermitteln. Damit erreichen Sie zweierlei: Der Trainer verbessert seine Qualifikation der Wissensvermittlung, und die Trainierten können sich punktgenau auf firmenspezifische Details hin weiterbilden lassen.
3. Die Beantwortung dieser Frage hängt vom aktuellen konkreten Bedarf in Ihrer Abteilung ab. Meist stehen fachbezogene Themen, die mit der Erstellung eines Produktes oder einer Dienstleistung zu tun haben, im Vordergrund. Fachübergreifende Themen sind dann von Bedeutung, wenn Sie den »Horizont« Ihrer Mitarbeiter für künftige Themen erweitern wollen.
4. Bei fachbezogenen Themen lässt sich der Erfolg relativ einfach dadurch messen, ob der Mitarbeiter eine gewisse Tätigkeit nun effektiver oder besser ausführen kann als vorher. Fachübergreifende Themen sollten Sie, wie unter Punkt 2 erwähnt, über den trainierten Mitarbeiter an die Kollegen weitergeben lassen. Dabei können Sie sein Wissen überprüfen und kontrollieren, inwieweit die Weiterbildung Früchte getragen hat.
5. Weiterbildung kostet Geld. Deshalb möchten Sie natürlich sicherstellen, dass dieses Geld eine Investition für Ihr Unternehmen darstellt – und nicht für den Wettbewerb. Manche Unternehmen versuchen mit Rückzahlungsklauseln eine gewisse finanzielle Garantie abzusichern. Häufig sind jedoch die entsprechenden Vereinbarungen mit dem Mitarbeiter im Zweifelsfalle wirkungslos, da die Rechtsprechung sich immer mehr zu Gunsten des Arbeitnehmers hin verändert. Außer bei wirklich kostenin-

tensiven Maßnahmen (Pilotenausbildung, Spezialseminare) werden Rückzahlungen immer weniger akzeptiert. Die Frage sollte jedoch eigentlich anders gestellt werden: Wie kann ich dem Mitarbeiter die Chance geben, sein erweitertes Wissen in Verbindung mit seiner Erfahrung in unser Unternehmen einzubringen? Die Erfahrung zeigt, dass in den wenigsten Fällen ein Mitarbeiter nur wegen »einer Handvoll Euro« wechselt. Geld ist fast immer der vorgeschobene Grund – für beide Seiten. Die wahren Gründe liegen darin, dass der Mitarbeiter nicht die Anerkennung erfährt, die er sich vorstellt.

Zusammenfassung

Bestehen Sie darauf, dass nach einer Weiterbildungsmaßnahme der Mitarbeiter tatsächlich einen höheren Wert besitzt für das Unternehmen (und nicht nur eine weitere Urkunde für seine persönlichen Unterlagen besitzt). Planen Sie in Ihrem Finanz- und Zeitbudget Ressourcen ein für den steigenden Weiterbildungsbedarf.

☑ Checkliste

Wo besteht Nachholbedarf?

- ☐ Fachliche Themen
- ☐ Kommunikation
- ☐ Teamarbeit
- ☐ Weitere Themen

54

Ich möchte meine Mitarbeiter nach Leistung bezahlen

Nur wer arbeitet, soll auch essen.

Das Problem

Sie möchten mit Ihrem Team noch viel erreichen. Ihre Mitarbeiter sollen am Erfolg beteiligt werden. Sie sind kein Anhänger der üblichen Anwesenheitsorientierung, sondern sie favorisieren die Ergebnisorientierung. Sie möchten Ihre Mitarbeiter also nicht nach der Anzahl der im Betrieb verbrachten Anwesenheitsstunden vergüten, sondern nach der Leistung, die sie erbringen. Bei der Realisierung eines solchen Modells werden sich Ihnen je nach Firmengröße und Firmenstruktur unterschiedliche Widerstände in den Weg stellen. Jedes Pro und Kontra hat seine Berechtigung, der Trend zur leistungsbezogenen Bezahlung ist aber unumkehrbar. Viele Mitarbeiter fordern eine Beteiligung am Resultat ein, weil sie dadurch ihre persönliche Leistung besser honoriert sehen. Was sollten Sie bei dem Thema beachten?

Fragen, die Sie sich stellen sollten

1. Können Sie bei der Einführung einer leistungsorientierten Bezahlung eindeutige Messlatten für die Beurteilung der Leistung definieren?
2. Welcher Anteil an der Gesamtvergütung sollte auf die leistungsbezogene Entlohnung entfallen?
3. Welchen Einfluss hat der Mitarbeiter tatsächlich auf die Höhe seines Leistungsanteils?

4. Wie werden die Mitarbeiter über den jeweiligen Stand der Daten informiert?
5. Erfolgt die Vergütung auf der Basis von Teamzielen oder Einzelzielen?
6. Wie werden »Zulieferer« in dieses System integriert?

Tipps zu den Fragen

1. Die entscheidende Frage bei der Einführung einer leistungsorientierten Bezahlung ist immer die Messbarkeit der individuellen Leistung. Niemand ist eine Insel, jeder Mitarbeiter hängt in einem gewissen Maße von seinen Kollegen ab. Deshalb muss die Definition der Beurteilungskriterien umfassend und präzise sein. Ebenso muss der Beurteilungszeitraum gründlich durchdacht werden: Soll zum Beispiel nur eine einmalige Aktion (Verkaufsabschluss) betrachtet werden oder ein längerfristiger Zeitraum (Zufriedenheit eines Kunden über mehrere Jahre)? Hier spielt die Frage der Firmenphilosophie eine große Rolle.
2. Natürlich kann und soll dem Mitarbeiter nicht das unternehmerische Risiko des Firmeninhabers aufgebürdet werden. Je höher allerdings der variable Anteil am Gesamtgehalt ist, desto größer sollten auch die für den Mitarbeiter erzielbaren »Gewinne« sein. Sein unternehmerisches Interesse wird darin bestehen, eventuelle »Verluste« möglichst gering zu halten.
3. Die leistungsorientierte Bezahlung wird allerdings nur dann akzeptiert, wenn der Mitarbeiter einen tatsächlichen Einfluss auf die Höhe seines Leistungsanteils hat. Deshalb sind Stellenbeschreibung, Weisungsbefugnis, Richtlinienkompetenz und Zielvorstellungen genau zu definieren und zu aktualisieren.
4. Die leistungsorientierte Bezahlung setzt eine andere Qualität der Informationspolitik voraus. Der Mitarbeiter muss jederzeit Zugriff auf die für seine Bezahlung relevanten Daten haben, um aktuelle Entscheidungen treffen zu können. Selbstverständlich steht ihm bei einer solchen Lösung auch ein erweitertes Kontrollrecht zu.

5. Abhängig von der Organisationsform und der Aufgabenteilung ist zu überlegen, ob die Belohnung von Einzelzielen oder von Teamzielen sinnvoller ist.
6. Ebenso muss die Einbeziehung von »Zulieferern« innerhalb des Unternehmens, zum Beispiel Support-Mitarbeiter, diskutiert und berücksichtigt werden.

Zusammenfassung

Jede Bezahlungsart hat ihre Vor- und Nachteile. Absolute Gerechtigkeit bei der Vergütung der Leistung eines einzelnen Menschen kann es in keinem System geben. Die Ausarbeitung eines fairen Bezahlungsschlüssels erfordert naturgemäß mehr Arbeit und mehr Kreativität als die übliche Beurteilung nach einem bekannten Katalog. Kreativität und Aktivität eines Mitarbeiters werden allerdings bei einer leistungsorientierten Bezahlung mehr gefördert. Deshalb sollten Sie sich durch bekannte Vorurteile und Einwände von einer kreativeren Lösung nicht abbringen lassen. Orientieren Sie sich weniger an den Dienstjahren eines Mitarbeiters, die wenig über die Leistung aussagen, sondern an dem für das Unternehmen messbaren Nutzen. Bis eine allseits akzeptierte Lösung funktioniert, sollten Sie in der Anfangsphase die Möglichkeit der Anpassung und Optimierung offen halten.

55

Mein Team akzeptiert mich nicht als Vorgesetzten

Man gewinnt immer, wenn man weiß,
was andere von uns denken.

Das Problem

Sie sind neu als Führungskraft in ein Team hineingekommen. Von Anfang an allerdings verspürten Ihre neuen Mitarbeiter eine Abneigung, Sie als neuen Chef zu akzeptieren. Die Gründe dafür sind Ihnen allerdings nicht ganz klar. Sie haben den Verdacht, dass einer der Mitarbeiter sich selbst Hoffnungen auf Ihre Position gemacht hatte, seine Pläne aber offenbar durch Sie zunichte gemacht wurden. Sie vermuten, dass dieser Mitarbeiter nun im Hintergrund Stimmung gegen Sie erzeugt. Was sollen Sie tun?

Fragen, die Sie sich stellen sollten

1. Wissen Sie, ob vielleicht tatsächlich Mitarbeiter bei der Beförderung übergangen wurden?
2. Wie zeigt sich die Abneigung der Teammitglieder Ihnen gegenüber?
3. Wie haben Sie sich bei der Übernahme der Abteilung den Mitarbeitern präsentiert?
4. Was sind die vom Unternehmen festgelegten Aufgaben Ihrer Abteilung?
5. Wie können Sie Ihre Abteilung hinter sich bringen?

Tipps zu den Fragen

1. Klären Sie mit Ihrem Chef oder der Personalabteilung, ob Ihr Verdacht stimmt. Sie müssen den oder die Mitarbeiter, die sich übergangen fühlen, identifizieren. Sprechen Sie die Mitarbeiter unter vier Augen konkret auf die Situation an. Machen Sie ihnen klar, dass hier an anderer Stelle eine Entscheidung getroffen wurde, die unwiderruflich ist. Signalisieren Sie auch, dass Opposition und Zurückhaltung der Arbeitsleistung die gesamte Abteilung betrifft und deshalb kontraproduktiv ist. Zeigen Sie gleichzeitig, dass Sie die Erfahrung und Einsatzbereitschaft der betreffenden Mitarbeiter benötigen, um die Ziele der Abteilung zu erreichen. Signalisieren Sie auch eindeutig, dass Sie von Ihren Vorstellungen nicht abweichen werden, und sprechen Sie eventuelle Konsequenzen für die betreffenden Mitarbeiter offen aus.
2. Notieren Sie konkrete Situationen und Aussagen der Mitarbeiter, die Ihren Verdacht der Abneigung untermauern. Sie können Probleme nur dann ansprechen und lösen, wenn Sie mit entsprechenden Fakten aufwarten können.
3. Erinnern Sie sich möglichst genau, wie Sie sich bei der Übernahme präsentiert haben. Wenn Sie dabei nicht mit der nötigen Feinfühligkeit vorgegangen sind, Ihren Mitarbeitern vielleicht indirekt Unfähigkeit vorgeworfen oder sofort mit gravierenden Änderungen »gedroht« haben, dann ist es nicht verwunderlich, dass die Mitarbeiter mit Zurückhaltung oder sogar Widerstand Ihnen Ihre Grenzen aufzeigen wollen.
4. Nur gemeinsam mit Ihren Mitarbeitern stellen Sie die gemeinsamen Abteilungsziele sicher. Zeigen Sie allen die vom Unternehmen vorgegebenen Ziele noch einmal klar auf und sprechen Sie über die Konsequenzen für die gesamte Abteilung, wenn die Ziele nicht erreicht werden.
5. Sorgen Sie dafür, dass offen, sachlich und angstfrei alle Probleme zwischen Ihnen und den Mitarbeitern angesprochen werden. Bitten Sie um konkrete Lösungsvorschläge und nehmen Sie Kritik an Ihrer Person ohne »Gegenwehr« zur Kenntnis. Sollten auf beiden Seiten Fehler passiert sein, so ziehen Sie einen Schlussstrich und nutzen Sie das gemeinsame Gespräch für einen produktiven »Neuanfang«.

Zusammenfassung

Beim Neueinstieg in eine funktionierende Abteilung beweist sich Ihre Sensibilität als Führungskraft. In dieser Situation ist Ihr Fachwissen kaum gefragt. Entscheidend ist, sich auf die Befindlichkeiten der Mitarbeiter einzustellen, alle auf die Zukunft »einzuschwören« sowie die Belange der Mitarbeiter ernst zu nehmen und zu berücksichtigen. Zeigen Sie Ihren neuen Mitarbeitern, dass Sie Ihre Aufgabe als Führungskraft in erster Linie als Dienstleister für Ihre Mitarbeiter sehen. Vermeiden Sie jede unnötige und sinnlose Konfrontation, jedes Positionsgerangel.

☑ Checkliste

Überprüfen Sie anhand der folgenden Beispiele Ihre Einstellung zu Ihrer Vorgesetztenrolle:

- ☐ Um schneller fertig zu werden, bestehe ich darauf, dass Dinge auf meine (erprobte) Art und Weise erledigt werden. Das spart allen Beteiligten Zeit und unangenehme Erfahrungen.
- ☐ Meine Mitarbeiter um deren Meinung zu fragen kostet mich nur zu viel Zeit. Jeder hat andere Ideen, Vorstellungen und Fragen. Je mehr Leute man fragt, desto mehr Probleme tun sich auf. Diesen Zeitaufwand kann ich mir derzeit nicht leisten. Schließlich werde ich dafür bezahlt, meine Erfahrung in das Unternehmen einzubringen und schnell Resultate zu erzielen.
- ☐ Wenn ich der Meinung bin, dass ein Mitarbeiter an einem anderen Platz besser einsetzbar ist, dann entscheide ich das nach gründlicher Prüfung und stelle den Mitarbeiter vor vollendete Tatsachen. Erstens habe ich Weisungsbefugnis, und zweitens muss man die Leute manchmal zu ihrem Glück zwingen. Manche Mitarbeiter sind eben noch nicht so weit wie ich mit ihren Gedanken, da bin ich als Vordenker eben gefordert.

- ☐ Die Ideen und Vorschläge meiner Mitarbeiter zeugen von einer gewissen Unreife. Man merkt eben, dass ihnen noch die Erfahrung fehlt. Aber dafür bin ich ja da.
- ☐ Ich bestehe darauf, dass meine Anweisungen kompromisslos eingehalten werden. Es kann ja wohl nicht sein, dass jeder meine Ideen hinterfragt und anzweifelt. So kommen wir nie weiter. Mein Chef erwartet schließlich Ergebnisse.
- ☐ Ich bin davon überzeugt, dass die meisten Menschen eine straffe Führung benötigen, um sich bei der Arbeit besser konzentrieren zu können. Zu viele Freiheitsgrade am Arbeitsplatz lassen die Mitarbeiter nur auf unproduktive Gedanken kommen.
- ☐ Gruppendynamik ist etwas für einen Sportverein, hat aber nichts am Arbeitsplatz zu suchen.
- ☐ Wenn ein Mitarbeiter nicht voll mitzieht, ist es sein Problem. Ich gehe davon aus, dass erwachsene Menschen wissen, was sie tun. Da mache ich kurzen Prozess, sonst färbt deren Verhalten auf die ganze Abteilung ab.
- ☐ Mitarbeitern, die öfter Bedenken äußern, höre ich schon gar nicht mehr zu. Man muss das Leben positiv sehen, diese Miesmacher interessieren mich nicht. Denen gebe ich einfach mehr Arbeit, dann sind sie beschäftigt.

Sie stimmen mit diesen Thesen weitgehend überein und wollen gleichzeitig als Führungskraft Karriere machen? Schade, das wird wohl nix.

Literatur

- Golemann, Daniel, Griese, Friedrich: *EQ 2: Der Erfolgsquotient*. München, 2000. dtv.
- Seiwert, Lothar J., Gay, Friedbert: *Das neue 1x1 der Persönlichkeit*. München, 2004. Gräfe und Unzer.

56

Ich muss ein Spitzenteam zusammenstellen

Vertraust du einem Menschen nicht, so stelle ihn nicht ein.
Stellst du ihn jedoch ein, so sollst du ihm vertrauen.

Das Problem

Sie haben die Aufgabe, sich ein Team für ein neues Projekt zusammenzustellen. Dabei sind Sie in der glücklichen Lage, sich aus verschiedenen Abteilungen Bewerber »herauspicken« zu können. Ihr neues Projekt scheint sehr attraktiv zu sein, denn es interessieren sich sehr gute und erfahrene Mitarbeiter für die Zusammenarbeit mit Ihnen. Wen sollen Sie auswählen?

Fragen, die Sie sich stellen sollten

1. Um welche Art von Projekt handelt es sich?
2. Wie lange werden die Mitarbeiter gemeinsam daran arbeiten?
3. Wie ist der Zeitrahmen für das Projekt angelegt?
4. Welche speziellen Fachkenntnisse werden für das Vorhaben benötigt?
5. Welche Fähigkeiten sollen die Projektmitarbeiter mitbringen?

Tipps zu den Fragen

1. Klären Sie zuerst genau ab, um welches Projekt es sich handelt. Ist es eine überschaubare, abgeschlossene Angelegenheit oder eine zeitlich unbegrenzte Aufgabe? Definieren Sie möglichst genau die einzelnen Projektbereiche sowie die Schnittstellen zwischen den Bereichen. Aus dieser Definition ergeben sich bereits die ersten Ideen für die Anforderungsprofile der Mitarbeiter.

2. Wenn die Mitarbeiter nur eine begrenzte Zeit zusammenarbeiten, sollten Sie sich jetzt schon die Frage stellen, wie die Mitarbeiter anschließend eingesetzt werden. Gehen Sie zurück in die bisherigen Abteilungen, oder werden »die Brücken abgebrochen«?
3. Prüfen Sie, wie realistisch der Zeitrahmen für das Projekt ist. Wenn das Projekt in relativ kurzer Zeit abgeschlossen werden muss, dann benötigen Sie extrem flexible und stressresistente Mitarbeiter.
4. Auf Grund von Punkt 1 wissen Sie, welches Fachwissen benötigt wird. Sorgen Sie für Redundanz, um bei Ausfall eines Teammitglieds nicht in eine vorhersehbare Engpasssituation zu geraten. Prüfen Sie auch, welches Fachwissen sich das Team im Laufe des Projekts aneignen kann oder muss.
5. Außer den erforderlichen fachlichen Fähigkeiten müssen die Mitarbeiter Teamfähigkeit mitbringen. Da es in der Praxis eine geraume Zeit dauert, bis ein Team »funktioniert«, lässt sich die Zeit wesentlich verkürzen, wenn alle Teammitglieder gemeinsam mit Ihnen vorher ein Teamtraining durchlaufen. Dabei kann die Teamarbeit bereits zielgerichtet im »Trockenkurs« getestet und eingeübt werden. Fähigkeiten wie das Moderieren einer Teamsitzung, das Präsentieren von Resultaten und das zielgerichtete Diskutieren werden dabei spielerisch erarbeitet.

Zusammenfassung

Für die Zusammensetzung des Teams ist es wichtig, dass sich die Teammitglieder untereinander ergänzen und befruchten. Deshalb sollten Sie für eine gute Durchmischung sorgen, das heißt nicht nur Techniker im Team oder nur Kaufleute im Team, sondern möglichst viele Teammitglieder, die unterschiedliche Blickwinkel einnehmen. Achten Sie bei der Auswahl der Teammitglieder auch auf Freundlichkeit, Humor, Selbstkritik, Zielstrebigkeit und gute Kommunikationsfähigkeiten.

Literatur

- Blanchard, Kenneth u. a.: *Das Minuten-Manager-Buch*. Reinbek, 2007. Rowohlt.

57

Ich muss ein Zeugnis schreiben

Wenn du den Pfeil der Wahrheit abschießt,
so tauche vorher die Spitze in Honig.

Das Problem

Ein Mitarbeiter verlässt das Unternehmen, und Sie müssen ihm ein Zeugnis ausstellen. Es kann auch durchaus sein, dass er ein Zwischenzeugnis einfordert, weil sich ein organisatorischer Wechsel im Unternehmen ergeben hat – oder weil er Ihnen damit signalisieren will, dass er seine Zukunft vielleicht außerhalb Ihres Unternehmens sucht. Sie wissen, dass das Ausstellen eines Zeugnisses sich wesentlich von dem Schreiben einer Hausmitteilung unterscheidet, dass es hier verschiedene Formulierungen gibt, die juristisch sehr schnell anfechtbar sind. Wie gehen Sie am besten vor?

Fragen, die Sie sich stellen sollten

1. Wie würden Sie die Leistungen des Mitarbeiters beurteilen?
2. Wodurch hat er sich besonders hervorgehoben?
3. Was haben Sie an ihm besonders vermisst?
4. In welchem Bereich würden Sie die Zukunft dieses Mitarbeiters sehen?
5. Wie sieht es mit den »weichen Faktoren« dieses Mitarbeiters aus?

Tipps zu den Fragen

1. Betrachten Sie die einzelnen Tätigkeitsfelder dieses Mitarbeiters und vergleichen Sie die darin erbrachten Leistungen mit den Erwartungen, die dem Mitarbeiter bekannt gegeben wurden. Ziehen Sie auch andere

zu Rate, die den Mitarbeiter beurteilen können. Prüfen Sie objektiv, wie die Leistungen des Mitarbeiters sich im Laufe der Zeit entwickelt haben.

2. Listen Sie auf, was die Besonderheiten dieses Mitarbeiters waren, zum Beispiel Kreativität, Einsatzbereitschaft, Verhalten gegenüber Kollegen, Stressanfälligkeit, Belastbarkeit usw.
3. Notieren Sie, welche Eigenschaften Sie bei diesem Mitarbeiter vermissten, um bei der Abfassung des Zeugnisses eine Balance zwischen den positiven und den negativen Punkten zu finden.
4. Überlegen Sie, in welchen Bereichen der Mitarbeiter seine Fähigkeiten am ehesten zur Entwicklung bringen könnte. Diesen Punkt können Sie – wenn vom Mitarbeiter gewünscht – im Zeugnis zusätzlich erwähnen, um dem Mitarbeiter den künftigen Weg zu ebnen.
5. Außer den rein fachlichen Eigenschaften und dem Wissen des Mitarbeiters sind die, zum Teil bereits unter Punkt 2 erwähnten Eigenschaften, für die künftige Karriere des Mitarbeiters entscheidend. Sie sollten deshalb, falls sichtbar ausgeprägt, mit aufgeführt werden.

Zusammenfassung

Da es keine einheitliche »Zeugnissprache« gibt, außer ein paar standardisierten Floskeln, ist das Schreiben eines Zeugnisses immer ein Balance-Akt. Um sich kostspielige und zeitaufwändige Gerichtsverhandlungen zu ersparen, gehen Firmen immer häufiger dazu über, eher zu positive Zeugnisse zu verfassen. Lassen Sie sich bei der Abfassung eines Zeugnisses von der Personalabteilung beraten, lesen Sie entsprechende Literatur oder holen Sie sich aktuelle Tipps im Internet.

Beispiel für Beurteilungen im Zeugnis:

- *Note 1:* erledigte die Aufgaben stets zu unserer vollsten Zufriedenheit.
- *Note 2:* erledigte die Aufgaben stets zu unserer vollen Zufriedenheit.

- *Note 3:* erledigte die Aufgaben stets zu unserer Zufriedenheit.
- *Note 4:* erledigte die Aufgaben zu unserer Zufriedenheit.
- *Note 5:* erledigte die Aufgaben im Großen und Ganzen zu unserer Zufriedenheit.
- *Note 6:* seine Arbeitsqualität entsprach meist den Anforderungen.

Es gibt außer diesen Formulierungen noch einige Techniken, mit denen Sie Ihre Zurückhaltung bei der Beurteilung des Mitarbeiters ausdrücken können.

- *Die Leerstellentechnik:* Sie lassen die Punkte weg, mit denen Sie unzufrieden waren.
- *Die Reihenfolgetechnik:* Die unwichtigen Tätigkeiten vor wichtigen nennen.
- *Die Passivierungstechnik:* Alles, was Sie über den Mitarbeiter sagen, geschieht in Passivform. »Er wurde beschäftigt« oder »er wurde beauftragt« deutet an, dass der Mitarbeiter nicht zu den Aktiven zählt.
- *Die Einschränkungstechnik:* Schränken Sie Aktivitäten, Projekte und Aufgaben des Mitarbeiters zeitlich ein. Damit zeigen Sie, dass er nicht immer ein überzeugendes Bild abgab.
- *Die Negationstechnik oder die doppelte Verneinung:* Verneinen Sie das Gegenteil. »Die Zusammenarbeit verlief ohne Beanstandungen« oder »Er erzielte nicht unbedeutende Steigerungsraten« weist darauf hin, dass man sich einen besseren Mitarbeiter gewünscht hätte.

Bei den positiven, zu lobenden Eigenschaften brauchen Sie sich keine Beschränkungen aufzuerlegen. Gegen Positives wird niemand klagen.

Literatur

- List, Karl-Heinz: *Das zeitgemäße Arbeitszeugnis. Ein Handbuch für Zeugnisaussteller.* Nürnberg, 2008. BW Bildung und Wissen Verlag.

Team

58 Ich muss ein neues Team aufbauen

Erfolg steht nur im Wörterbuch vor Teamarbeit.

Das Problem

Ein neues Projekt steht an, eine neue Aufgabe ist zu erledigen – kurz, Sie müssen ein neues Team aufbauen. Aber was ist ein Team? Es gibt kaum ein Wort in der Wirtschaft, das so unterschiedlich interpretiert wird wie der Begriff »Team«. Es gibt Teams, auf welche die Definition »Gruppe« besser passen würde, denn es handelt sich lediglich um eine Ansammlung von Kollegen, die zusammen arbeiten – und nicht zusammenarbeiten. Und es gibt Teams, die unschlagbar sind, die gemeinsam »durch dick und dünn gehen«.

Fragen, die Sie sich stellen sollten

1. Was genau wird von dem Team erwartet?
2. Bis wann muss das Team »funktionieren«?
3. Haben die Mitarbeiter bereits Teamerfahrung?
4. Wird die Teamarbeit von der Geschäftsleitung unterstützt?
5. Wird dieses Team anschließend wieder aufgelöst?

Tipps zu den Fragen

1. Es reicht nicht aus, einige Leute zu einem Team zusammenzurufen und mit der Teamarbeit anzufangen, sondern es muss ganz klar sein, welche Resultate von dem Team erwartet werden. Die Erwartungshaltung muss

jedem Teammitglied vorher klar vermittelt werden, damit bei den zu erwartenden Höhen und Tiefen der Teamarbeit das Ziel nicht aus den Augen verloren wird.

2. Je nach der Komplexität der Aufgabe variiert die Dauer der Teamfindung. Jedes Team durchläuft zwangsläufig die vier Phasen des Teamaufbaus:

   a) Forming (das Zusammenstellen des Teams, das gegenseitige Beschnuppern),
   b) Storming (die Phase des Beginns, das leicht chaotische Zusammenraufen),
   c) Norming (das Festlegen von Regeln und Konventionen),
   d) Performing (und nun endgültig: Das Team arbeitet wie geplant).

   Das Erreichen der Stufe d) dauert mindestens drei Monate, bei größeren komplexen Aufgaben kann der Zeitraum bis zu 18 Monate (!) betragen. Deshalb ist eine realistische Zeitplanung für den Einsatz eines Teams unabdingbar, um Enttäuschungen zu vermeiden.

3. Handelt es sich bei den Teammitgliedern um Mitarbeiter, die bereits Teamerfahrung besitzen, dann kürzt sich der Abstand zwischen a) und d) entsprechend ab. Um schmerzhafte und teure Erfahrungen weitgehend zu reduzieren, empfiehlt es sich, alle Beteiligten vorher auf ein Teamtraining zu schicken.

4. Ein nicht zu unterschätzender Punkt ist die Unterstützung der Teamarbeit durch die Geschäftsleitung. Wenn das oberste Management nicht voll hinter dem Teamgedanken steht, ist das Scheitern eines Teams, vor allem in einer Krisensituation, recht wahrscheinlich.

5. Handelt es sich bei dem Team nur um ein temporäres Team, ist es umso wichtiger, die Ziele des Teams immer wieder klarzustellen. Gleichzeitig müssen alle Mitglieder sicher sein können, nach Auflösung des Teams keine Nachteile innerhalb der Unternehmenshierarchie zu haben. Es darf keine Zweifel daran geben, dass sie anschließend an interessante Aufgaben zurückkehren können.

Zusammenfassung

Funktionierende Teams bündeln alle Synergien auf optimale Art und Weise. Achten Sie darauf, dass alle Teammitglieder gleichermaßen Fachkompetenz, Integrationsfähigkeit und kommunikative Kompetenz mitbringen. Wichtig ist allerdings, vorher sicherzustellen, dass allen Mitgliedern die Regeln der Teamarbeit klar sind und dass die Frage der Teamleitung im Konsens mit dem Team geklärt wird. Deshalb sollte auf ein vorheriges Teamtraining nicht verzichtet werden.

Literatur

- Blanchard, Kenneth u.a.: *Das Minuten-Manager-Buch*. Reinbek, 2007. Rowohlt.
- Lencioni, Patrick: *Mein Traum Team: oder die Kunst, Menschen zu idealer Zusammenarbeit zu führen*. Frankfurt/New York, 2008. Campus.

59

Mein Team arbeitet (noch) nicht zusammen

Wer hohe Türme bauen will, muss lange
am Fundament verweilen.

Das Problem

Ihr Team steht – aber noch auf wackligen Beinen, wie Sie meinen. Die Kollegen unterstützen sich zwar untereinander, aber in Krisensituationen spüren Sie, dass dieses Team noch nicht »wetterfest« ist. Was können Sie tun, damit Ihr Team stabiler wird?

Fragen, die Sie sich stellen sollten

1. Sind alle Teammitglieder vom Sinn des Teamziels überzeugt?
2. Kennen Sie die eventuellen Bedenken der Teammitglieder?
3. Wie sind die persönlichen Kontakte der Teammitglieder untereinander?
4. Gibt es ein Teamhandbuch, in dem die Erfolge festgehalten werden?
5. Werden die Erfolge gemeinsam gefeiert?

Tipps zu den Fragen

1. Für ein stabiles Team ist es erforderlich, dass die Teammitglieder hinter dem gemeinsamen Ziel stehen. Gerade wenn die Aufgabe Ihres Teams nicht zu den spannendsten in Ihrem Unternehmen gehört, ist es umso wichtiger, dass alle an einem Strang ziehen und einen übergeordneten Sinn in der Tätigkeit erkennen.

2. Die Tatsache, dass sich kein Teammitglied bisher negativ äußerte oder sogar beschwerte, beweist nicht, dass es keine Bedenken gibt. Sprechen Sie auf der nächsten Teamsitzung diesen Punkt an und fragen Sie gezielt nach eventuell vorhandenen Bedenken. Dabei müssen alle Themen offen auf den Tisch gelegt werden, denn nur so können Sie sicher sein, dass sich jeder mit seinen Befürchtungen ernst genommen fühlt.
3. Gerade bei Teams, die auf die gegenseitige Zusammenarbeit angewiesen sind, bringen persönliche Kontakte Vorteile. Solche Kontakte lassen sich zwar nicht erzwingen, aber recht einfach fördern. Sorgen Sie dafür, dass bei gemeinsamen Aktivitäten ein stärkeres Teamgefühl entsteht. Je weniger diese Aktivitäten im Voraus geplant werden, umso größer ist der Überraschungseffekt. Setzen Sie sich über etwa vorhandene Hindernisse im Unternehmen hinweg. Ihr wichtigstes Ziel ist ein starkes Team.
4. Gerade im Zeichen der Unsicherheit oder bei Krisen dient ein Teamhandbuch der Motivation. In diesem Handbuch sind alle Teammitglieder abgebildet mit ihren Hobbys, mit ihren Neigungen und ihren »Macken«. In diesem Handbuch werden auch die Fortschritte des Teams festgehalten ebenso wie Krisensituationen, die Überwindung von Krisen sowie neue Ideen für die Teamarbeit.
5. Um die in Punkt 3 besprochenen Kontakte zu vertiefen, nutzen Sie die Erfolge des Teams, um gemeinsam zu feiern. Suchen Sie sich Sponsoren für solche Feierlichkeiten. Es geht hierbei weniger um die finanzielle Seite einer Feier, sondern um die Anerkennung, die den Teammitgliedern zuteil wird. Sorgen Sie dafür, dass sich Mitglieder der Geschäftsleitung oder des Vorstands auf solchen Feiern auch einmal sehen lassen. Unterschätzen Sie nicht die motivierende Wirkung eines geselligen Beisammenseins für die Arbeit eines Teams – vor allem in Krisensituationen.

Zusammenfassung

Zeigen Sie Ihren Mitarbeitern, wie ein erfolgreiches Team operiert anhand des Beispiels einer Jazzband. Jedes Mitglied ist ein Spezialist auf seinem Fachgebiet. Jeder gibt sein Bestes. Jeder kann improvisieren. Jeder weiß, wann er (freiwillig) seine Starrolle seinem Kollegen überlässt. Der Chef des Ensembles hält sich im Hintergrund, dirigiert den Auftritt unauffällig. Das einzige Ziel des Teams ist, Spaß bei der Arbeit zu haben und Applaus zu kassieren. Profilierungs- und Koordinationsprobleme fallen dem Publikum sofort auf. Der Beifall hält sich dann in Grenzen.

☑ Checkliste

- ☐ Geben Sie den Teammitgliedern interessante Aufgaben.
- ☐ Widmen Sie sich den Teammitgliedern besonders intensiv, zeigen Sie Ihr Interesse an einem funktionsfähigen Team.
- ☐ Sprechen Sie auch kleine Fortschritte an.
- ☐ Erhöhen Sie den Spaßfaktor im Team.
- ☐ Geben Sie den Mitarbeitern Entscheidungsfreiheit.

Literatur

- Blanchard, Kenneth u.a.: *Das Minuten-Manager-Buch*. Reinbek, 2007. Rowohlt.
- Lencioni, Patrick: *Mein Traum Team: oder die Kunst, Menschen zu idealer Zusammenarbeit zu führen*. Frankfurt/New York, 2008. Campus.

60

Die Stimmung im Team stimmt nicht

Bei gutem Wetter kann jeder ein Steuermann sein.

Das Problem

Bisher waren Sie zufrieden mit der Arbeit ihres Teams. Nun aber stellen Sie fest, dass es irgendwie »knistert«. Offenbar ist ein unterschwelliger Konflikt ausgebrochen. Es wird weniger miteinander als übereinander geredet. Ihre Führungsfähigkeit ist voll gefordert. Wie gehen Sie am besten vor?

Fragen, die Sie sich stellen sollten

1. Handelt es sich um einen personenbezogenen oder einen sachbezogenen Konflikt?
2. Ist es ein Konflikt zwischen zwei Mitarbeitern oder einer Gruppe von Mitarbeitern?
3. Leidet die Erledigung der Teamaufgabe unter diesem Konflikt?
4. Wird der Konflikt auch außerhalb des Teams bemerkt?
5. Trauen Sie sich zu, den Konflikt zu lösen?

Tipps zu den Fragen

1. Stellen Sie zuerst fest, in welchem Bereich der Konflikt liegt. Handelt es sich um einen Konflikt zwischen zwei oder mehreren Personen, dann lassen Sie sich von jedem Beteiligten seine persönliche Sicht der Situation schildern. Versuchen Sie, sich in die Lage eines jeden Beteiligten zu versetzen. Bestehen Sie auf einer sachlichen Schilderung der Ereignisse,

lassen Sie keine unsachlichen Bemerkungen zu. Bei einem personenbezogenen Konflikt lassen Sie sich von den Beteiligten Lösungsvorschläge zur Bereinigung der Situation geben. Bestehen Sie auf aktiver Mitarbeit bei der Lösung des Problems. Bei einem sachbezogenen Konflikt lassen Sie sich alle beweisbaren Fakten vorlegen und bringen Sie Ihre Mitarbeiter dazu, unter Ihrer Moderation den Konflikt selbst zu lösen.

2. Handelt es sich um einen interpersonellen Konflikt, dann zeigen Sie den Beteiligten ganz deutlich die Auswirkung ihres Verhaltens auf die Teamleistungen auf und bestehen Sie auf einer Änderung des Verhaltens.
3. Zeigen Sie in aller Deutlichkeit auch den finanziellen Aspekt des Problems auf und lassen Sie jeden Mitarbeiter wissen, dass von seinem Verhalten auch die Sicherheit seines Arbeitsplatzes und der seiner Kollegen abhängen kann.
4. Wenn der Konflikt auch außerhalb des Teams bemerkt wird, sei es im Unternehmen oder im Kundenkreis, dann appellieren Sie an den Ehrgeiz und Stolz eines jeden Mitarbeiters. Lassen Sie die Mitarbeiter erkennen, wie schnell sie sich der Lächerlichkeit aussetzen, weil sie nicht fähig sind, einfache Konflikte selbst zu lösen. Wird das Problem auch für Ihre Kunden sichtbar, dann wird die wirtschaftliche Basis Ihres Unternehmens tangiert. Spätestens an in dieser Stelle müssen die Mitarbeiter für eine Lösung sorgen – im eigenen Interesse.
5. Wenn Sie sich außer Stande sehen, den Konflikt zu lösen, dann schalten Sie umgehend Dritte ein. Holen Sie sich Hilfe bei der Personalabteilung, der Geschäftsleitung, dem Betriebs- oder Personalrat oder einem externen Mediator. Auch wenn Sie vielleicht der Meinung sind, dass Sie diesen Konflikt allein lösen sollten: Zur persönlichen Größe gehört auch, seine (situativen) Grenzen zu erkennen und Fachleute um Hilfe zu bitten.

Zusammenfassung

Etwas Unruhe in einem Team kann ganz produktiv sein. Wenn allerdings die Qualität der Arbeit in Gefahr ist, dann ist es höchste Zeit zum Eingreifen. Als guter Vorgesetzter lassen Sie es erst gar nicht so weit kommen, sondern Sie greifen bereits im Vorfeld in sich abzeichnende Entwicklungen ein. Das setzt allerdings voraus, dass Sie ein gutes Gespür für gruppendynamische Prozesse entwickelt haben.

☑ Checkliste

- ☐ Was genau ist die Ursache für das Problem?
- ☐ Welche alternativen Lösungsmöglichkeiten gibt es?
- ☐ Wer kann mich bei der Suche nach einer Lösung unterstützen?

Literatur

- Blanchard, Kenneth u. a.: *Das Minuten-Manager-Buch*. Reinbek, 2007. Rowohlt.

61

Unsere Meetings sind unproduktiv

Den Fortschritt verdanken die Menschen
den Unzufriedenen.

Das Problem

Die Meetings Ihrer Abteilung/Ihres Teams dauern einfach zu lang – und wirklich prüfbare Ergebnisse sind selten. Wenn Sie die Stunden zusammenrechnen, die pro Monat »zusammengesessen« werden, und diese Zeit mit dem Stundenlohn der Teilnehmer multiplizieren, dann wissen Sie, an welcher Stelle tatsächlich Geld gespart werden kann. Aber wie können Sie die Situation ändern?

Fragen, die Sie sich stellen sollten

1. Was hätte beim letzten Meeting anders laufen können?
2. Kamen alle Teilnehmer gut vorbereitet in die Sitzung?
3. Kamen alle gleichmäßig zu Wort?
4. Auf wen hätte man verzichten können?
5. Wurden beim letzten Meeting eindeutige Resultate erzielt?
6. Wurden die vorgegebenen Zeiten eingehalten?

Tipps zu den Fragen

1. Der Mensch lernt am schnellsten aus Fehlern. Listen Sie alle Punkte auf, die Ihnen beim letzten Meeting als Störfaktor auffielen, sei es, dass Teilnehmer zu spät kamen, zwischendrin telefonierten oder früher gingen. Stellen Sie diese Dinge ab. Sorgen Sie für eiserne Disziplin während eines Meetings.

2. Lassen Sie die Agenda und die zu beantwortenden Fragen den Teilnehmern rechtzeitig vor dem Meeting zukommen. Scheuen Sie sich nicht, ein Meeting zu vertagen, wenn Sie feststellen, dass einige Teilnehmer sich nicht richtig vorbereitet haben.

3. Sorgen Sie dafür, dass jeder seinen Beitrag zum Thema leisten kann. Entziehen Sie Dauerrednern das Wort und ermutigen Sie die eher Schüchternen zu ihren Beiträgen. Die Moderation eines Meetings sollten alle Teilnehmer irgendwann einmal übernommen haben, das schärft das Bewusstsein für den richtigen Ablauf eines Meetings. Es ist aber auf jeden Fall empfehlenswert, vorher an einem Moderationsseminar teilgenommen zu haben. Der Umgang mit Unterbrechungen und Störungen lässt sich dann professionell handhaben.

4. Es müssen nicht immer alle auf einem Meeting anwesend sein. Streichen Sie die Teilnehmer, die nichts zum Thema beitragen können, und diejenigen, die Sie anschließend in Kurzform über die Resultate informieren können.

5. Analysieren Sie, woran es wohl gelegen hat, wenn keine eindeutigen Resultate vorweisbar sind. Lag es an mangelnder Information, fehlten entscheidungsberechtigte Personen? Was immer die Gründe waren – stellen Sie die Ursachen beim nächsten Mal ab.

6. Ohne einen genauen Zeitplan vor Augen werden Meetings immer länger dauern als geplant. Es sei denn, das Meeting ist vor der Mittagspause oder vorm Feierabend eingeplant. Deshalb muss der zeitliche Ablauf jedem vor Augen geführt werden, am einfachsten, indem auf einer Flipchart die Themen mit den dafür vorgesehenen Zeiten notiert werden. Wenn sich dann ein Dauerredner nicht an die Regeln hält, dann entziehen Sie ihm im Interesse des Ablaufs das Wort, auch wenn es sich um Ihren Chef handelt. Die Einhaltung der Zeiten erreichen Sie noch leichter, wenn Sie auf einem für alle sichtbaren PC-Bildschirm den bis jetzt aktuell »vermeeteten« Geldbetrag anzeigen lassen (zum Beispiel mit dem Programm SIZUKO; die Adresse finden Sie im Anhang). Sind PC aus Ihrem Konferenzraum verbannt, dann erfüllt der »Meeting Cube«, ein Würfel mit vier Anzeigeseiten, den gleichen Zweck (Adresse im Anhang).

Zusammenfassung

Wenn Sie für effektive Meetings sorgen wollen, dann reduzieren Sie den Komfortlevel im Konferenzraum. Entfernen Sie die Tische und die bequemen Stühle und installieren Sie Stehstühle und Stehpulte. Entfernen Sie das Telefon und lassen Sie alle Teilnehmer zu Beginn des Meetings ihre Handys ausschalten. Sie werden sich wundern, wie effektiv, zügig und vor allem kurz Ihre Meetings in Zukunft ablaufen werden. In diesem Zusammenhang noch ein Hinweis: Sorgen Sie dafür, dass Anrufern nicht mitgeteilt wird, der gewünschte Gesprächsteilnehmer befinde sich in einem Meeting, sondern lediglich, dass er im Moment nicht erreichbar sei und innerhalb der nächsten Stunde zurückrufen werde. Sie wollen doch Ihren Anrufern nicht signalisieren, dass ein Meeting wichtiger sei als ein Anrufer, oder? Vergessen Sie nicht, ein kurzes, aber prägnantes Sitzungsprotokoll anzufertigen, in dem festgehalten wird, wer was bis wann erledigen wird beziehungsweise erledigen lässt. Notorische Zuspätkommer lassen sich schnell zu einem anderen Verhalten »erziehen«, wenn Sie eine ganz einfache Methode anwenden: Wer zuletzt kommt, schreibt das Protokoll.

Literatur

- Seiwert, Lothar J.: *Das neue 1x1 des Zeitmanagement.* München, 2007. Gräfe und Unzer.

62

Ich muss die Teilzeitkräfte im Team besser einbinden

Wo Informationen fehlen,
wachsen die Gerüchte.

Das Problem

In Ihrem Team arbeiten sehr viele Teilzeitkräfte. Die Gründe liegen in den bekannten Wünschen der Mitarbeiter: bessere Vereinbarkeit von Familie und Berufsleben. Dieser Trend wird sich in Zukunft weiter fortsetzen, da Mitarbeiter laut Gesetz einen Anspruch auf einen Teilzeitarbeitsplatz geltend machen können. Da sich nicht alle, wie in einem »normalen« Team, permanent sehen und austauschen können, ist der Informationsfluss naturgemäß reduziert. Kommunikation ist für ein Team allerdings das A und O. Wie gehen sie vor?

Fragen, die Sie sich stellen sollten

1. Welche konkreten Probleme sind in der Vergangenheit aufgetreten?
2. Werden die Teilzeitkräfte von allen als vollwertige Kollegen akzeptiert?
3. Gibt es Reibungsverluste zwischen den beiden Gruppen der Voll- und Teilzeitkräfte?
4. Werden alle technischen Kommunikationsmittel optimal genutzt?
5. Erhalten die Teilzeitkräfte dieselbe Aus- und Weiterbildung wie die Vollzeitkräfte?

Tipps zu den Fragen

1. Listen Sie auf, bei welchen Themen und bei welchen Schnittstellen in der Vergangenheit Probleme auftraten. Analysieren Sie, wie es zu den Problemen kommen konnte und wie man sie hätte vermeiden können. Ändern Sie, wenn erforderlich, die Abläufe im Team.
2. Sorgen Sie dafür, dass die Teilzeitkräfte nicht als Mitarbeiter zweiter Klasse betrachtet werden. Informieren Sie das Team über die geplanten Anwesenheitszeiten der Teilzeitkräfte, damit niemand mehr sagen kann: »Ich weiß nie, wann der kommt« oder »Die ist ja nie da«. Die Messlatte zur Kontrolle der Leistung muss natürlich dem Zeithaushalt des einzelnen Mitarbeiters angepasst sein.
3. Minimieren Sie Reibungsverluste, indem Sie allen das Gefühl geben, dass jeder ein vollwertiges Teammitglied ist. Sorgen Sie deshalb für gemeinsame Aktivitäten, an denen auch die Teilzeitler teilnehmen können.
4. Zeichnen Sie den erforderlichen Informationsfluss auf und nutzen Sie alle technischen Hilfsmittel, um Informationen zum richtigen Zeitpunkt zum richtigen Mitarbeiter zu leiten.
5. Um dieselben Aufgaben erfüllen zu können wie Vollzeitkräfte, müssen die Teilzeitkräfte auch dieselbe Aus- und Weiterbildung erhalten. Über diese Tatsache müssen Sie sich im Klaren sein, bevor Sie Teilzeitjobs in Ihrer Abteilung genehmigen.

Zusammenfassung

Betrachten Sie die Arbeit mit Teilzeitkräften wie die Arbeit im Schichtbetrieb: Auch hier muss dieselbe Information zwei- oder sogar dreimal an Mitarbeiter geliefert werden.

63

Die Arbeit unserer Abteilung muss qualitativ besser werden

Kunst kommt von Können und Qualität von Qual.

Das Problem

Die permanente Verbesserung der Qualität ist kein neues Thema für Sie. Gemeinsam mit Ihren Mitarbeitern versuchen Sie immer wieder, die Qualität zu verbessern. Dabei stellen Sie fest, dass die Anschauungen Ihrer Mitarbeiter über den Begriff Qualität auseinander gehen. Einer versteht unter Qualität eine geringe Reklamationsquote, ein anderer Termintreue, ein dritter Sauberkeit, und für einen anderen scheint Qualität zu bedeuten, pünktlich an seinem Arbeitsplatz zu erscheinen. Eine klare, eindeutige Definition des Begriffes scheint also angebracht.

Fragen, die Sie sich stellen sollten

1. Was versteht jeder Ihrer Mitarbeiter unter Qualität?
2. Wie beurteilt er die Qualität der vom Team erbrachten Leistung?
3. An welcher Stelle kann mit einem geringen Aufwand die Qualität am schnellsten verbessert werden?
4. Was kann jeder Einzelne zur Qualitätsverbesserung beitragen?
5. Wie können Sie eindeutige Messkriterien zur Feststellung der Qualitätsverbesserung einrichten?

Tipps zu den Fragen

1. Lassen Sie jeden Mitarbeiter seine Definition des Begriffs Qualität schriftlich niederlegen. Am sinnvollsten geschieht das in einem gemeinsamen Teammeeting. Diskutieren Sie die verschiedenen Blickwinkel und legen Sie anschließend die Definition fest. Dadurch stellen Sie sicher, dass alle dieselbe Sprache sprechen, dass jeder dieselbe Vorstellung vom Begriff Qualität hat.
2. Geben Sie jedem Mitarbeiter eine Checkliste an die Hand, auf der er die Qualität der einzelnen aufgeführten Punkte selbst beurteilen kann. Zu jedem der Punkte soll der Mitarbeiter Verbesserungsvorschläge zur Erhöhung der Qualität aufführen.
3. Analysieren Sie die unter Punkt 2 gesammelten Ideen und werten Sie aus, wo Sie die größte Hebelwirkung erzielen können, das heißt mit dem geringsten Aufwand die größtmöglichen Ergebnisse zu erzielen.
4. Im Anschluss an die vorhergehenden Diskussionen fragen Sie jeden einzelnen Mitarbeiter, welchen Beitrag er zur Qualitätsverbesserung leisten kann. Gehen Sie mit Ihrer Vorbildfunktion als gutes Beispiel voran, denn Sie können von anderen nur das erwarten, was Sie bereit sind, selbst zu geben. Legen Sie in einem Ergebnisprotokoll fest, wer was bis wann erledigt. Zu einem festgelegten Zeitpunkt wird dann die Einhaltung des Vereinbarten überprüft.
5. Legen Sie gemeinsam eindeutige Messkriterien fest, anhand derer objektiv die Verbesserung der Qualität festgestellt werden kann. Beispiel: Reduzierung der Reklamationsquote innerhalb von zwei Monaten um sieben Prozent, Auslieferung einer Bestellung innerhalb von maximal 24 Stunden, Verkürzung der Teammeetings auf maximal 45 Minuten, Beantwortung von Anrufen innerhalb von 30 Minuten. Orientieren Sie sich dabei an den unter Punkt 2 festgestellten Beispielen.

Zusammenfassung

Bei allen Diskussionen zur Verbesserung der Qualität sollte immer das »Warum« im Vordergrund stehen. Der Grund für Qualitätsverbesserungen ist in der noch besseren Bedienung Ihres Kundenkreises zu suchen. Lassen Sie jeden Mitarbeiter immer wieder erkennen, dass nur der zufriedene Kunde künftig das Gehalt des Mitarbeiters sicherstellt.

☑ Checkliste

- ☐ An welcher Stelle können wir in unserer Abteilung die Qualität verbessern?
- ☐ Welcher Aufwand ist für die Qualitätsverbesserung erforderlich?
- ☐ Wer kümmert sich um was?
- ☐ Bis wann werden wir die Verbesserungen eingeführt haben?
- ☐ Wie können wir das Erreichen der Verbesserungen messen?
- ☐ Wer ist für die Kontrolle verantwortlich?

64
Ein Mitarbeiter ist kein Teamplayer

Um zur Wahrheit zu gelangen, sollte jeder die Meinung seines Gegners zu verteidigen suchen.

Das Problem

In Ihrem Team gibt es einen hervorragenden Mitarbeiter, dessen Leistung von allen neidlos anerkannt wird. Allerdings ist dieser Mitarbeiter eher der Typ »Einzelgänger«. Die Zusammenarbeit mit anderen im Team liegt ihm weniger. Sie befürchten, dass Ihr Team künftig unter dieser Konstellation leiden wird. Wie können Sie Problemen vorbeugen?

Fragen, die Sie sich stellen sollten

1. Isoliert sich dieser Mitarbeiter nur in dieser Teamzusammensetzung, oder war er vorher auch schon wenig teamfähig?
2. Warum verhält sich dieser Mitarbeiter – Ihrer Meinung nach – in dieser Art und Weise?
3. Wie denkt der Mitarbeiter selbst über sein Verhalten im Team?
4. Wie denken seine Kollegen über sein Verhalten im Team?
5. Welche Auswirkungen könnte sein Verhalten im »worst case« auf den Erfolg des gesamten Teams haben?

Tipps zu den Fragen

1. Finden Sie heraus, wie sich dieser Mitarbeiter in anderen Arbeitsgruppen bisher verhalten hat. Vielleicht isoliert er sich in dieser Gruppe, weil er sich nicht ernst genommen fühlt. Vielleicht hält er sich gegenüber den anderen für über- oder unterlegen. In allen Fällen kann seine Reaktion ein Schutzmechanismus sein.
2. Versuchen Sie, mehr über diesen Mitarbeiter herauszufinden, lesen Sie seine Bewerbungsunterlagen, seine Beurteilungen. Versuchen Sie sich einmal in seine Lage hineinzuversetzen. Entspricht dieses Team seiner Qualifikation? Hat der Mitarbeiter andere Stärken als die, die hier gefordert werden?
3. Sprechen Sie ihn offen und ehrlich auf sein Verhalten an. Verdeutlichen Sie ihm, wie er auf andere wirkt. Zeigen Sie ihm auf, dass gute Zusammenarbeit für alle angenehmer und vorteilhafter ist. Interessieren Sie ihn für ein Teamseminar, vielleicht sogar ein Outdoor-Seminar, bei dem die Abhängigkeit voneinander auch physisch erlebbar wird. Schicken Sie ihn aber nicht gegen seinen Willen auf eine solche Veranstaltung. Seine Ablehnung der Teamarbeit wird wahrscheinlich dadurch eher verstärkt werden.
4. Fragen Sie seine Kollegen nach Ideen, wie er mehr in das Team integriert werden kann. Seien Sie gemeinsam kreativ bei der Entwicklung von Ansätzen, wie Sie ihm die Teamarbeit schmackhaft machen können.
5. Falls der Mitarbeiter sein Verhalten nicht ändert, prüfen Sie, welche Konsequenzen sich für das Team und seine Produktivität ergeben. Ergeben sich keine untragbaren Nachteile, dann versuchen Sie nicht, ihn um jeden Preis in ein Team hineinzuzwängen. Können Sie die derzeitige Situation allerdings nicht verantworten, dann denken Sie über Alternativen nach. Eine Möglichkeit wäre, den Mitarbeiter außerhalb des Teams als »Zulieferer« einzusetzen – oder ihn vielleicht auf einem anderen Platz im Unternehmen arbeiten zu lassen. Lässt sich keine Option sinnvoll realisieren, dann werden Sie feststellen, dass dieser Mitarbeiter nicht die Anforderung des Unternehmens erfüllt. Das letzte Mittel wäre dann die Trennung von ihm.

Zusammenfassung

Die Fähigkeit zur Teamarbeit wird immer mehr zu einem entscheidenden Wettbewerbsfaktor auf dem Arbeitsmarkt. Fehlt diese Fähigkeit, dann besteht die einzige Chance für den Mitarbeiter in einer Stelle, in der er »ungestört und alleine« vor sich hin arbeiten kann, möglicherweise kann er seine Fähigkeiten im Rahmen eines Tele-Arbeitsplatzes dem Unternehmen besser zur Verfügung stellen. Vielleicht lässt sich eine solche Stelle im Unternehmen schaffen, falls der Mitarbeiter über unverzichtbare Fähigkeiten verfügt. Der Versuch, einen überzeugten Einzelgänger in ein Team »hineinzupressen«, wird immer erfolglos sein.

Literatur

- Blanchard, Kenneth u. a.: *Das Minuten-Manager-Buch*. Reinbek, 2007. Rowohlt.
- Bruce, Anne, Pepitone, James S.: *Mitarbeiter motivieren. Der Praxisratgeber für die neue Führungsposition*. Frankfurt/New York, 2001. Campus.

65

Das Projektteam passt nicht zusammen

Nicht jede Ehe ist auch ein Erfolg.

Das Problem

In Ihrem Projektteam »knistert« es öfter. Damit sind nicht die produktiven Auseinandersetzungen über den richtigen Weg zum Ziel gemeint, denn diese Diskussionen sind absolut notwendig für das Funktionieren eines Teams. Nein, Sie machen sich Sorgen wegen der angespannten Atmosphäre in der Gruppe. Häufig sind es Kleinigkeiten, die zu offenbar spannungsgeladenen Dialogen führen. Spitze Bemerkungen über das Verhalten oder die Kleidung von Kollegen lassen Sie manchmal erschrecken. Sie verstehen nicht, wie sich »erwachsene Menschen« so kindisch benehmen können. Was sollen Sie tun?

Fragen, die Sie sich stellen sollten

1. Verhält sich das Team schon immer so oder erst seit kurzer Zeit?
2. Sind es immer dieselben »Feinde«, die sich bekämpfen?
3. Was sind die Anlässe für die Diskussionen?
4. Unter welcher Arbeitsbelastung steht das Team?
5. Wie sehen die Zukunftschancen Ihres Unternehmens aus?
6. Was haben Sie bisher zur Problemlösung beigetragen?

Tipps zu den Fragen

1. Zählt diese Form der Kommunikation schon von Anfang an zur Normalität des Teams, dann wurde bei der Auswahl und der Zusammensetzung

des Teams nicht professionell gearbeitet. Wenn sich das Verhalten des Teams erst vor kurzem in diese Richtung hin entwickelt hat, dann sollten Sie prüfen, welche Änderungen der Anlass für das schlechte Klima im Team sein könnten. Organisatorische Änderungen, der Zugang oder Abgang von Teammitgliedern, Änderungen in der Vergütung oder in der Arbeitsbelastung, all das sollten Sie als Grund berücksichtigen. Wenn Sie einen solchen Grund feststellen, sprechen Sie ihn in der nächsten Teamsitzung offen an.

2. Stellen Sie fest, welche Gründe es für das Spannungsverhältnis zwischen den Personen gibt. Fragen Sie die anderen Kollegen nach deren Einschätzung der Situation. Konfrontieren Sie die »Störer« mit der Situation, bitten Sie sie um Erläuterungen und um Ideen zur Änderung der Situation. Machen Sie klar, dass Sie unabhängig von der »Schuldfrage« die bestehende Situation nicht weiter akzeptieren. Weisen Sie in eindeutiger Form auf die möglichen Konsequenzen hin.

3. Wenn die Anlässe fachlicher Natur sind, dann haben Sie einen idealen Anlass, um gemeinsam mit den Betroffenen das Fachthema professionell zu diskutieren und einer Lösung zuzuführen. Liegen die Anlässe auf dem persönlichen Gebiet, dann verfahren Sie wie unter Punkt 2 besprochen.

4. Häufig ergeben sich solche Situationen durch eine zu hohe Arbeitsbelastung beziehungsweise Überforderung der Mitarbeiter. In solchen Situationen stört oft die berühmte »Fliege an der Wand«. Sorgen Sie für Entlastung der Mitarbeiter.

5. Wenn sich gegenwärtig Negativmeldungen über Ihr Unternehmen oder Ihre Branche häufen, dann ist eine gewisse Unruhe der Mitarbeiter absolut verständlich. Je nach Mentalität und Veranlagung wird mehr oder minder »eigenwillig« reagiert. Sprechen Sie die Situation mit den Mitarbeitern offen an und diskutieren Sie mögliche Alternativen. Versprechen Sie den Mitarbeitern, sie über die Entwicklungen auf dem Laufenden zu halten.

6. Fragen Sie sich selbstkritisch, was Sie bisher konkret zur Lösung des Problems beigetragen haben. Stecken Sie den Kopf nicht in den Sand in der

Hoffnung, dass die Mitarbeiter sich schon irgendwie wieder vertragen werden. Zu Ihrer Führungsaufgabe gehört es, gerade in kritischen Situationen für den Zusammenhalt der Mitarbeiter zu sorgen und somit auch gleichzeitig eventuellen Mobbingansätzen entgegenzusteuern.

Zusammenfassung

Wenn Sie, egal wann immer, feststellen, dass Ihr Team in dieser Form keine Chance der weiteren erfolgreichen Zusammenarbeit bietet, dann sollten Sie in Zusammenarbeit mit Ihrem Vorgesetzten und/oder der Personalabteilung für einen Wechsel der Mitarbeiter innerhalb des Unternehmens sorgen.

Literatur

- Bruce, Anne, Pepitone, James S.: *Mitarbeiter motivieren. Der Praxisratgeber für die neue Führungsposition.* Frankfurt/New York, 2001. Campus.

66

Ein Mitarbeiter hält alle im Team auf

Harte Arbeit hat noch keinem geschadet.
Aber warum sollte man das Risiko eingehen?

Das Problem

Sie haben in Ihrer Abteilung einen Mitarbeiter, der zwar nicht sehr produktiv ist, dafür aber sehr aktiv im Stören seiner Kollegen. Der Mitarbeiter wendet sich in regelmäßigen Abständen an seine Kollegen mit den verschiedensten beruflichen und privaten Fragen. Man könnte den Eindruck gewinnen, dass er »redesüchtig« ist, denn spätestens nach 30 Minuten sucht er sich ein neues »Opfer«. Seine Kollegen finden ihn zwar nicht unsympathisch, würden aber gerne auf die häufigen Unterbrechungen ihrer Arbeit verzichten. Wie lösen Sie das Problem?

Fragen, die Sie sich stellen sollten

1. Handelt es sich bei den Fragen des Mitarbeiters um Themen, die seine unmittelbare Aufgabe betreffen, oder dreht es sich um aufgabenfremde oder sogar private Themen?
2. Stellt er immer wieder dieselben Fragen?
3. Ist der Mitarbeiter ins Team integriert, oder arbeitet er alleine?
4. Ist der Mitarbeiter mit seinen Aufgaben ausgelastet?
5. Welche sonstigen Gründe könnte es für das Verhalten des Mitarbeiters geben?

Tipps zu den Fragen

1. Finden Sie heraus, welche Fragen der Mitarbeiter stellt. Sind es Themen, die seine unmittelbare Aufgabe betreffen, dann prüfen Sie bitte, wie Sie sein Wissen auf den erforderlichen Stand bringen können. Handelt es sich um aufgabenfremde Themen, dann machen Sie ihm klar, dass Sie sein Interesse zwar schätzen, er aber bitte unterscheiden möge zwischen seinem unmittelbaren Aufgabenbereich und Dingen, die ihn nicht direkt tangieren. Bitten Sie ihn, diese Fragen außerhalb des normalen Betriebsablaufs zu stellen. Handelt es sich um private Themen, dann weisen Sie ihn darauf hin, dass er für die Erledigung seiner Aufgaben bezahlt wird und nicht für die Diskussion seiner privaten Probleme während der Arbeitszeit. Natürlich ist es selbstverständlich in einem funktionierenden Team, dass auch über private Dinge gesprochen wird. Leidet allerdings die Effektivität einer Abteilung darunter, dann sollten Sie einschreiten.
2. Stellt der Mitarbeiter immer wieder dieselben fachlichen Fragen, dann beweist dies, dass er die erhaltenen Antworten noch nicht verstanden hat. Setzen Sie sich mit ihm zusammen und erklären Sie ihm noch einmal, in einer für ihn verständlichen Weise, die Zusammenhänge. Sollte der Mitarbeiter mit dem Thema überfordert sein und alle Versuche der Wissensvermittlung scheitern, dann sorgen Sie dafür, dass er einen seinen Fähigkeiten entsprechenden Arbeitsplatz erhält.
3. Wenn der Mitarbeiter in ein Team integriert ist, dann sollten seine Teamkollegen in der Lage sein, ihn mit Freundlichkeit, aber Bestimmtheit zu dem im Team gewünschten Verhalten zu bewegen. Arbeitet der Mitarbeiter alleine, dann geben Sie ihm die Gelegenheit, häufiger mit Kollegen zu kommunizieren. Anlass sollten aber immer konkrete Teamthemen sein; als Zeitpunkt eignet sich die Zeit vor der Mittagspause oder dem Feierabend.
4. Prüfen Sie auch, ob der Mitarbeiter ausreichend ausgelastet ist. Vielleicht dient sein Redebedürfnis nur der Überbrückung von Leerzeiten, in denen er nicht genügend zu tun hat.
5. Stellen Sie fest, ob es noch andere Gründe für sein Redebedürfnis geben könnte. Sprechen Sie mit seinen Kollegen über deren Meinungen und Vorschläge zum Thema.

Zusammenfassung

Menschen sind unterschiedlich. Der eine redet weniger, der andere mehr. Im privaten Bereich kann sich jeder seine Gesprächspartner freiwillig aussuchen. In einer »Zwangsgemeinschaft« besteht diese Möglichkeit nur sehr eingeschränkt. Machen Sie dem betreffenden Mitarbeiter deshalb klar, welche Auswirkungen sein Verhalten auf die ganze Abteilung hat. Seien Sie offen und fair zu ihm, sprechen Sie das Thema aber unmissverständlich und eindeutig an und bestehen Sie auf einer Verhaltensänderung.

Literatur

- Blanchard, Kenneth u.a.: *Das Minuten-Manager-Buch*. Reinbek, 2007. Rowohlt.

67

Ich muss ein Mitarbeitergespräch führen

Es mag Glück dazugehören, eine neue Stelle zu bekommen.
Aber nicht, sie zu behalten.

Das Problem

Sie sind mit der Leistung eines Mitarbeiters nicht mehr zufrieden. Um eine Änderung zu bewirken, müssen Sie mit dem Betreffenden ein Gespräch führen. Der Mitarbeiter, um den es hier geht, ist sehr wortgewandt und lässt sich nur ungern Vorwürfe machen. Er findet auch immer wieder plausibel klingende Ausreden, warum etwas nicht so funktionierte wie geplant. Sie sehen diesem Gespräch also verständlicherweise mit gemischten Gefühlen entgegen. Wie gehen Sie am besten vor?

Fragen, die Sie sich stellen sollten

1. Was ist der genaue Anlass für dieses Mitarbeitergespräch?
2. Haben Sie die Themen bereits in der Vergangenheit mit dem Mitarbeiter besprochen?
3. Was sind die Stärken und die Schwächen dieses Mitarbeiters?
4. Was soll nach diesem Mitarbeitergespräch anders werden?
5. Wann ist der beste Zeitpunkt für ein solches Mitarbeitergespräch?

Tipps zu den Fragen

1. Auch wenn es eine ganze Menge Anlässe für ein solches Gespräch geben sollte, überlegen Sie vorher genau, welchen konkreten Punkt Sie ansprechen wollen. Gerade einem Mitarbeiter, der mehr Ausreden als Lösungen parat hat, sollten Sie keine Möglichkeit zum Ausweichen bieten. Bereiten Sie sich auf das Gespräch vor, notieren Sie die Fakten und geben Sie dem Mitarbeiter eine Kopie Ihrer Notizen an die Hand. Damit ist sichergestellt, dass beide Seiten über dieselben Themen sprechen.
2. Wenn einige der Punkte bereits in der Vergangenheit angesprochen worden, dann haben Sie hoffentlich darüber Wortprotokolle angelegt, in denen die vereinbarten Zeitpunkte und Maßnahmen eindeutig definiert waren. Ist das nicht geschehen, dann wird es Ihnen wohl schwer fallen, mit dem Mitarbeiter Übereinstimmung über die vergangenen Gespräche zu erzielen.
3. Vor dem Gespräch analysieren Sie bitte noch einmal genau die Stärken und Schwächen dieses Mitarbeiters, um ihm ein möglichst präzises Bild seines Wirkens im Unternehmen zeigen zu können.
4. Mit der Beantwortung dieser Frage definieren Sie exakt Ihr Ziel für dieses Gespräch. Lassen Sie sich Ihr Ziel nicht ausreden, bestehen Sie darauf, dass alle für die Erreichung des Ziels erforderlichen Punkte offen angesprochen und ausdiskutiert werden. Kritisieren Sie bei dem Gespräch nicht die Person, sondern das Verhalten und die Leistung. Sprechen Sie auch offen und konkret die möglichen Konsequenzen an, die sich bei Nichterfüllung der vereinbarten Ziele für den Mitarbeiter ergeben werden.
5. Wichtig ist bei diesem Gespräch, dass Sie auf keinen Fall gestört werden. Schalten Sie Ihr Telefon um, hängen Sie ein »Bitte nicht stören«-Schild an Ihre Tür und sorgen Sie für eine entspannte Atmosphäre. Naturgemäß eignet sich die Zeit nach der Mittagspause für ein solches Gespräch, die Emotionen sind dann eher unter Kontrolle. Ebenso bietet sich ein solches Thema vor Feierabend an. Dabei sollten Sie sicherstellen, dass der Mitarbeiter auch ausreichend Zeit mitbringt und nicht wegen einer Fahrgemeinschaft oder dem Busfahrplan das Gespräch vorzeitig beenden muss.

Zusammenfassung

Je mehr Sie sich bei solchen Gesprächen auf unstrittige Fakten berufen können, desto ruhiger können Sie Ihre Forderungen vorbringen und einfordern. Zeigen Sie dem Mitarbeiter, dass Sie an einer weiteren Zusammenarbeit sehr interessiert sind, es hierbei aber auch Grenzen gibt, die Sie nicht bereit sind, zu überschreiten. Weisen Sie darauf hin, dass sowohl Sie als auch der Mitarbeiter dem Unternehmen gegenüber die Verpflichtung haben, die vereinbarten Ziele zu erreichen, und dass es Ihre besondere Pflicht ist, dafür zu sorgen, dem Mitarbeiter die erforderlichen Ressourcen zur Verfügung zu stellen – und gleichzeitig den Erfolg der Abteilung zu sichern.

Literatur

- Goldfuß, Jürgen W.: *Endlich Chef – was nun? Was Sie in der neuen Position wissen müssen.* Frankfurt/New York, 2006. Campus.

Umgang mit dem Chef

68
Mein Chef lehnt meine Ideen ab

Marketing begins at home.

Das Problem

Häufig werden Ihre tollen Ideen von Ihrem Chef abgelehnt. In den wenigen Fällen, in denen er sie akzeptiert, hatten Sie das Gefühl, er tut es widerwillig. Auf keinen Fall wurden Ihre Vorschläge bisher richtig gewürdigt oder sogar gelobt. Ihrer Meinung nach ist Ihr Chef fantasielos. Ihn interessieren nur die nackten Fakten, er ist nur an Sachinformationen interessiert. Wie können Sie ihm Ihre Ideen besser vermitteln?

Fragen, die Sie sich stellen sollten

1. Sind Sie wirklich selbst überzeugt von Ihren Ideen?
2. Bringen Sie den Vorteil für Ihren Chef, für die Abteilung, für das Unternehmen richtig rüber?
3. Präsentieren Sie Ihre Ideen richtig?
4. Arbeiten Sie mit markanten Beispielen und Vergleichen?
5. Setzen Sie den Nutzen in Euro um?

Tipps zu den Fragen

1. Für Ihren Erfolg ist entscheidend, dass Sie selbst von Ihrer Idee überzeugt sind und diese Überzeugung auch klar transportieren. Dazu gehört, dass Sie eine gewisse Begeisterung ausstrahlen. Wie können Sie

jemand anderen überzeugen, wenn Sie selbst nicht überzeugend wirken?

2. Es reicht nicht aus, eine gute Idee zu haben, Sie müssen Ihrem Gegenüber seinen persönlichen Vorteil aus dieser Idee aufzeigen. Vielleicht ist Ihr Chef eher der Typ, der sich durch neuen Ideen in seiner Ruhe gestört fühlt. Wenn Sie ihm aufzeigen können, was die Idee auch für ihn persönlich bedeutet, dann wird er sie eher annehmen – deshalb, weil Sie ihn die Vorteile haben erkennen lassen.

3. Zur Präsentation gehört eine gewisse Dramaturgie. Bereiten Sie sich auf die Präsentation vor und sorgen Sie dafür, dass Sie während der Präsentation nicht gestört werden. Wählen Sie einen Zeitpunkt aus, an dem Ihr Chef am ehesten ansprechbar ist – auf keinen Fall kurz vor der Mittagspause oder kurz vor seinem Feierabend. (Siehe auch Kapitel 67, Punkt 5).

4. Zeigen Sie ihm die aktuelle Situation auf, projizieren Sie die Zukunft und lassen Sie ihn selbst den Unterschied herausfinden. Benutzen Sie bei Ihrer Präsentation grafische Hilfsmittel, Diagramme und Vergleiche. Wenn Sie erreichen, dass er die Idee anderen »verkauft«, dann haben Sie Ihr Ziel erreicht: Er ist überzeugt.

5. Das entscheidende Argument, das jeder Mensch am schnellsten versteht, lässt sich auf die Frage reduzieren: »Wie viel sparen wir dabei?« Überzeugungsprozesse lassen sich nun mal am schnellsten über die Geldbörse einleiten. Machen Sie deshalb vorher eine Kosten-Nutzen-Kalkulation, lassen Sie Zahlen sprechen. Und wenn Ihr Chef eher der Typ »Buchhalter« ist, dann lässt er sich ohnehin nur mit Zahlen überzeugen.

Zusammenfassung

Gerade für Techniker ist es oft schwer zu verstehen, dass manchmal die Verpackung wichtiger ist als der Inhalt. Lernen Sie von Kollegen, die dieses Problem elegant gelöst haben.

Checkliste

- [ ] Welche Argumente könnte mein Chef gegen meine Ideen haben?
- [ ] Welche Argumente könnten ihn überzeugen?
- [ ] Wenn er meine Idee akzeptiert, welche Probleme könnte er sich damit einhandeln?
- [ ] Bei welchen Stichworten hört er eher zu?
- [ ] Wenn mein Chef die Idee an seinen Chef »weiterverkaufen« muss, wie kann ich ihm dabei helfen?

Literatur

- Barker, Alan: *30 Minuten bis zur effektiven Besprechung*. Offenbach, 1998. Gabal-Verlag.
- Forsyth, Patrick: *30 Minuten bis zur überzeugenden Präsentation*. Offenbach, 1998. Gabal-Verlag.
- Seiwert, Lothar J., Gay, Friedbert: *Das neue 1x1 der Persönlichkeit*. München, 2004. Gräfe und Unzer.

69

Mein Chef widerruft meine Entscheidungen

Unsicherheit im Befehlen erzeugt
Unsicherheit im Gehorchen.

Das Problem

Es kommt ab und zu vor, dass Ihr Chef von Ihnen getroffene Entscheidungen nachträglich verändert oder sogar zurücknimmt. Damit könnten Sie vielleicht leben, aber was Sie am meisten dabei stört, ist, dass Ihre Mitarbeiter verunsichert werden, ja sogar manchmal abwarten, ob nicht von oben noch eine Korrektur erfolgt. Die Situation erinnert Sie an Elternpaare, die gegensätzliche »Befehle« erteilen. Als Folge davon kümmert sich der Nachwuchs weder um den einen noch um den anderen.

Fragen, die Sie sich stellen sollten

1. Sind Ihre Verantwortungsbereiche klar definiert?
2. Sind Ihnen die Kriterien bekannt, anhand derer Ihr Chef die Änderungen einleitet?
3. Sind diese Änderungen auch nach außen hin (Kundenkreis) spürbar?
4. Welche Auswirkungen haben die Änderungen auf die Produktivität Ihrer Abteilung?
5. Wirkt Ihr Chef nur in Ihren Bereich hinein oder auch in den Ihrer Kollegen?

Tipps zu den Fragen

1. Wenn es hier Grauzonen in der Definition der Verantwortung gibt, bestehen Sie darauf, dass umgehend klare Verantwortlichkeiten festgelegt werden. Schalten Sie die Personalabteilung ein. Weisen Sie auf die Nachteile der derzeitigen Situation hin.
2. Prüfen Sie anhand Ihrer bisherigen Erfahrungen, an welchen Stellen beziehungsweise bei welchen Themen Ihr Chef sich veranlasst sieht einzuschreiten. Versuchen Sie, Zusammenhänge zu erkennen. Beantworten Sie die Frage: Welches Risiko wäre mein Chef eingegangen, wenn er meine Entscheidung übernommen hätte?
3. Analysieren Sie, ob Außenstehende von der Situation erfahren könnten. Machen Sie darauf aufmerksam, welchen Negativeindruck ein solcher Zickzackkurs »draußen« hinterlässt, wie stark das Image des Unternehmens darunter leiden kann.
4. Prüfen Sie, inwieweit die Produktivität Ihrer Abteilung unter den Entscheidungen Ihres Chefs leidet. Rechnen Sie, so weit dies möglich ist, die Schäden in finanzielle Größen um.
5. Gehört dieses Einmischen zum normalen Arbeitsstil Ihres Chefs, so suchen Sie Verbündete in Ihrem Kollegenkreis, um hier eine Änderung einzuleiten. Betrifft es nur Ihre Abteilung, dann führen Sie ein gut vorbereitetes Gespräch mit Ihrem Chef, diskutieren sie offen alle Punkt. Zeigen Sie ihm auch auf, wie sein eigenes Image im Unternehmen beeinträchtigt wird.

Zusammenfassung

Der wichtigste Punkt bei diesem Thema ist, die wahren Gründe Ihres Chefs für seinen Führungsstil herauszufinden. Oder möchte er Sie bewusst »klein« halten, vielleicht aus Angst vor der innerbetrieblichen Konkurrenz?

Checkliste

Was könnten die Gründe für das Verhalten Ihres Chefs sein?

- [ ] Die Angst vor Veränderungen.
- [ ] Eigene Unsicherheit, ob die Entscheidung richtig ist.
- [ ] Die Angst, die neue Situation nicht mehr zu überschauen.
- [ ] Die Befürchtung, dass sich sein bisheriges Vorgehen als weniger effektiv herausstellt.

70

Ich habe einen chaotischen Chef

Das ist das Unglück der Könige, dass sie die Wahrheit nicht hören wollen.

Das Problem

Am Anfang glaubten Sie noch, es sei Dynamik, was Sie erlebten. Nun sind Sie sicher, es ist das Chaos: Ihr Chef ist einfach unmöglich. Nicht nur, dass er Sie spontan anruft oder bei Ihnen im Büro erscheint, um sich zu erkundigen, wie weit es mit dem Projekt sei (obwohl Sie ihn kurz vorher darüber informierten) – damit könnten Sie ja noch leben. Dass er oft mit spontanen Ideen auftaucht: »Da sollten Sie sich unbedingt drum kümmern« – auch das könnten Sie noch ertragen. Aber dass er Ihre Mitarbeiter bei der Arbeit stört und sich dort nach jedem »Kleinkram« erkundigt und seine Empfehlungen abgibt, dass belastet die ganze Abteilung. Er ist im ganzen Unternehmen für seinen Stil bekannt. Jeder weiß, dass er »halt so ist«. Wer kann, geht ihm aus dem Weg. Diese Chance bietet sich Ihnen leider nicht. Sein Verhalten ist für Sie ein Rätsel. Was können Sie tun?

Fragen, die Sie sich stellen sollten

1. Haben Sie Ihren Chef schon einmal darauf angesprochen, dass die Effektivität Ihrer Abteilung darunter leidet, wenn er Ihre Mitarbeiter direkt anspricht?
2. Was könnten die Gründe für sein Verhalten sein?
3. Wie beurteilen seine Vorgesetzten sein Verhalten?
4. Welche Vorschläge zur Verbesserung können Sie entwickeln?

Tipps zu den Fragen

1. Auch wenn Sie sich vielleicht davor scheuen, ihn auf das unangenehme Thema direkt anzusprechen, werden Sie sich nicht vor einer Aussprache drücken können. Denn wenn Sie nichts an der Situation ändern, werden Sie nie einen » normalen » Ablauf in Ihrer Abteilung erreichen.

2. Vielleicht hat er das Gefühl, die Kontrolle zu verlieren, wenn er sich nicht selbst immer wieder vom Arbeitsfortschritt überzeugt. Wenn das seine Befürchtungen sein sollten, vereinbaren Sie mit ihm feste Zeitpunkte, zu denen Sie ihn persönlich über die Arbeitsfortschritte informieren. Vielleicht verhält er sich auch so, weil er glaubt, Ihnen und Ihren Mitarbeitern auf diese Weise helfen zu können. In diesem Fall können Sie mit ihm regelmäßige Meetings vereinbaren, bei denen er die Chance erhält, über seine Erfahrungen zu einem bestimmten Thema zu berichten. Die zeitlichen Abstände zwischen den Meetings sollten Sie dann sukzessive verlängern. Fragen Sie ihn direkt am Anfang: »Soll ich Ihnen einen Überblick für das Management liefern – oder direkt in alle Details einsteigen?«

3. Vermutlich haben sich seine Vorgesetzten bereits an sein Verhalten gewöhnt, denn sonst hätte man bereits für eine Änderung gesorgt. Wenn die Gespräche mit Ihrem Chef allerdings keine Änderung bewirken, dann sollten Sie das Thema anlässlich einer passenden Gelegenheit bei seinem Chef ansprechen. Der einzige Ansatz, etwas auf dieser Ebene zu bewegen, kann nur die Effektivität Ihrer Abteilung beziehungsweise des gesamten Unternehmens sein. Hüten Sie sich vor persönlichen Angriffen oder Bemerkungen.

4. Außer den unter Punkt 2 genannten Ansätzen sollten Sie versuchen, Ihrem Chef klar zu machen, dass er bestimmt Wichtigeres zu tun hat, als einen Teil Ihrer Kontrollaufgaben zu übernehmen. Schließlich werden Sie für die Aufgaben bezahlt, die in Ihrer Stellenbeschreibung verankert sind. Überlegen Sie gemeinsam mit Ihren Kollegen, welche Ansätze Sie sonst noch entwickeln können, um Ihren Chef aus dem Alltagsgeschäft herauszuhalten. Lassen Sie Ihren Chef die Erwartungen, die er an Sie hat, einmal aufschreiben und versprechen Sie ihm, die Erwartungen zu erfüllen, ohne dass er sich im Detail um die Abläufe kümmern muss.

Zusammenfassung

Häufig reagieren Vorgesetzte in der oben beschriebenen Art und Weise aus falsch verstandener Fürsorgepflicht. Sie glauben, dass ohne ihre Hilfe und Unterstützung die »weniger erfahrenen jungen Leute« ihre Arbeit nicht erledigen könnten. Deshalb sollten Sie bei der Bearbeitung dieses Problems mit Feingefühl und Humor vorgehen. Ist Ihr Chef allerdings eher der Typ »Oberkontrolleur«, dann machen Sie ihm ganz klar und deutlich, wo Sie die Abgrenzungen zwischen seiner und Ihrer Aufgabe sehen. Werden Sie zum wichtigsten Dienstleister Ihres Chefs. Machen Sie ihn von Ihren Informationen »abhängig«.

Umgang mit Kollegen

71

Unser Unternehmen fusioniert – was bedeutet das für meine Abteilung und für mich?

Man muss die Dinge nehmen, wie sie kommen.
Wenn sie nicht kommen, muss man ihnen entgegengehen.

Das Problem

Jetzt hat es auch Ihr Unternehmen erwischt, eine Fusion steht an. Es gibt eine Menge Gerüchte, dafür wenig Informationen und eine große Unsicherheit. Die Mitarbeiter erwarten von Ihnen als Führungskraft Antworten auf alle Fragen, die sie bewegen. Wie gehen Sie am besten vor?

Fragen, die Sie sich stellen sollten

1. Welche Informationen können Sie von Ihren Vorgesetzten, von der Geschäftsleitung erhalten?
2. Aus welchen anderen Quellen könnten Sie noch Informationen beziehen (Fachzeitschriften, Brancheninformationen, Internet, Presse)?
3. Was sind Ihre eigenen Fragen und Bedenken bei der anstehenden Fusion?
4. Welche Auswirkungen kann die Fusion auf die Arbeit Ihrer Abteilung haben?
5. Wie können Sie für einen optimalen Informationsfluss sorgen?

Tipps zu den Fragen

1. Bestehen Sie auf möglichst vielen Informationen zum Thema. Häufig wird im Rahmen von Fusionen mit Information gespart. Die Gründe: Entweder ist tatsächlich zu wenig Information vorhanden, oder aus politischen Gründen wird Information zurückgehalten. Üben Sie ruhig ein wenig Druck aus, machen Sie darauf aufmerksam, wie wichtig Information für die Motivation der Mitarbeiter ist.
2. Versuchen Sie selbst, sich so viel Information wie möglich zum Thema zu beschaffen. Lassen Sie sich nicht davon abhalten, Informationen über alle Kanäle zu beziehen. Jammern Sie nicht mit Ihren Kollegen, wie schwierig die Situation ist, sondern werden Sie selbst aktiv.
3. Listen Sie alle Ihre eigenen Fragen und Bedenken auf. Ihren Mitarbeitern und Kollegen stellen sich nämlich dieselben Fragen. Fragen Sie sich, wie Sie persönlich zu der neuen Situation stehen. Für Ihre Glaubwürdigkeit ist ganz entscheidend, dass Sie einen klaren Standpunkt beziehen.
4. Bei der Bearbeitung von Frage 3 werden Sie in der Regel auf die Punkte stoßen, die sich auf die Arbeit Ihrer Abteilung auswirken können. Entwickeln Sie Alternativen für den »Ernstfall«.
5. Sorgen Sie dafür, dass Informationen sofort nach Vorliegen auch weitergegeben werden. Machen Sie nicht die Fehler von Vorgesetzten, die der Meinung sind, erst nach Vorliegen aller abschließenden Fakten eine Information an die Mitarbeiter geben zu können. Bis dahin haben sich bereits Gerüchte zu Halbwahrheiten verfestigt. Erfahrungsgemäß verlassen in solchen ungeklärten Situationen die besten Mitarbeiter das Unternehmen zuerst, solange der Arbeitsmarkt noch gute Chancen bietet. Dabei werden gerade in derartigen Situationen die besten Mitarbeiter am meisten gebraucht. Lassen Sie Ihre Leute eigene Ideen entwickeln, wie die Fusion optimal laufen könnte.

Zusammenfassung

Lernen Sie aus erfolgreichen Unternehmenszusammenschlüssen. Informieren Sie, zeigen Sie gemeinsame Ziele auf, sprechen Sie Bedenken offen an. Ruinieren Sie Ihre persönliche Glaubwürdigkeit nicht mit unglaubwürdigen Aussagen. Setzen Sie das TOK-Prinzip ein:

- *Transparenz:* Machen Sie Zusammenhänge und Abhängigkeiten transparent und somit durchschaubar.
- *Offenheit:* Kommunizieren Sie offen und ehrlich, machen Sie auf Vor- und eventuelle Nachteile aufmerksam.
- *Konsequenz:* Ziehen Sie getroffene Entscheidungen konsequent und ohne nachträgliche Diskussion durch.

Literatur

- Bruce, Anne, Pepitone, James S.: *Mitarbeiter motivieren. Der Praxisratgeber für die neue Führungsposition.* Frankfurt/New York, 2001. Campus.

72

Ich habe das Gefühl, dass mich niemand richtig informiert

Informationen behält man –
auch wenn man sie abgibt.

Das Problem

Irgendwie haben Sie das Gefühl, dass der Informationsfluss nicht stimmt. Nicht, dass Sie keine Informationen erhalten, nein, das ist nicht das Problem. Sie bekommen mehr E-Mails und Hausmitteilungen als Ihnen lieb ist. Sie vermissen aber auf den Punkt gebrachte Informationen, die Ihren Arbeitsbereich betreffen. Wie können Sie den Informationsfluss verbessern?

Fragen, die Sie sich stellen sollten

1. Bei welchen Projekten oder Aufgaben haben Sie Informationen nicht oder zu spät erhalten?
2. Welche konkreten Informationen hätten Sie benötigt?
3. Welche Auswirkungen hatte das Informationsproblem auf Ihre Effektivität?
4. Wen müssten Sie einbeziehen, um das Problem zu lösen?

Tipps zu den Fragen

1. Notieren Sie konkrete Situationen, in denen Sie benötigte Informationen nicht oder zu spät erhalten haben. Finden Sie heraus, warum die Infor-

mationen nicht rechtzeitig bei Ihnen ankamen. Optimieren Sie den Informationsfluss.

2. Listen Sie auf, um welche Informationen es sich im Detail handelte. Zeigen Sie anhand der konkreten Beispiele auf, welche Information Sie in welcher Form und Verdichtung benötigt hätten.
3. Machen Sie eine Aufstellung, welche Auswirkungen das Informationsproblem auf Ihre Effektivität hatte. Listen Sie auf, welche Kosten für das Unternehmen durch das Versäumnis entstanden sind. Führen Sie auch den zeitlichen Mehraufwand auf.
4. Ansprechpartner ist jeder, von dem Sie die Informationen erwartet hätten. Machen Sie Ihre Erwartungshaltung eindeutig klar, fordern Sie die Lieferung der benötigten Informationen ein.

Zusammenfassung

Häufig weiß der Lieferant einer Information wenig über das Informationsbedürfnis des Empfängers – und liefert deshalb zu viele Daten, sicherheitshalber. Er ist damit seiner Informationspflicht zwar nachgekommen, beim Empfänger entsteht jedoch Mehraufwand durch Filtern, Sortieren und Nachfragen. Machen Sie deshalb klar, welche Informationen Sie zu welchem Zweck benötigen.

Ein Tipp für den Notfall: Sollten Sie feststellen, dass man Ihnen Informationen absichtlich nicht in der gewünschten Form liefert, dann bereiten Sie die unter Punkt 1 bis 4 gesammelten Daten präsentationsfähig auf und schalten Sie die Stufe ein, die das Problem lösen kann.

73

Ich erhalte zu viel Informationsmaterial

Information ist nur, was verstanden wird.

Das Problem

Sie leiden unter der Informationsgesellschaft. Die Anzahl der Daten, die bei Ihnen landen, steigt ständig an. Sie befürchten, dass Sie eines Tages nur noch Informationen verarbeiten und filtern werden, die Qualität Ihrer Arbeit wird sich zwangsweise verschlechtern. Und je schneller Sie lesen, desto mehr fallen Sie zurück. Stopp, aber wie?

Fragen, die Sie sich stellen sollten

1. Wie oft werden Informationsverteiler in Ihrem Haus überprüft und gestrafft?
2. Auf welche Informationen können Sie verzichten, ohne dass Ihre Arbeit leidet?
3. Welche Auswirkungen hat die Informationsflut auf Ihre Effektivität?
4. Wen müssten Sie einbeziehen, um das Problem zu lösen?
5. Werfen Sie schnell genug weg?

Tipps zu den Fragen

1. Sorgen Sie dafür, dass die Informationsverteiler alle drei Monate auf Sinnhaftigkeit und Notwendigkeit hin untersucht und aktualisiert wer-

den. Personalveränderungen und Wechsel bei den Zuständigkeiten lassen die Verteiler anwachsen. Die Reduzierung eines Verteilers bei Veränderungen findet in der Praxis selten statt. Die Folge ist, dass die Verteiler wachsen. Machen Sie auf die Unsitte der Cc-Verteiler aufmerksam. Sie sind zwar gut gemeint, aber meist kontraproduktiv. Nur wer wirklich informiert werden muss, gehört in das Cc-Feld. Und wenn in Ihrem Unternehmen mit Bcc-Adressen (Blindcopy) gearbeitet wird, dann muss man sich ernsthafte Gedanken über die Vertrauenskultur machen.

2. Markieren Sie mit einem farbigen Stift für den Zeitraum einer Woche oder eines Monats alle gedruckten Informationen, auf die Sie hätten verzichten können. Sammeln Sie alle überflüssigen E-Mails, die Sie im selben Zeitraum erhielten. Sorgen Sie dafür, dass Sie aus dem Verteiler genommen werden.
3. Rechnen Sie die Zeit zusammen, die Sie in der »Überwachungsphase« für die unnützen Informationen aufgewendet haben. Lassen Sie Ihre Mitarbeiter eine solche Aufstellung für den eigenen Bereich anfertigen. Schärfen Sie das Bewusstsein für die Zeitverschwendung, die beim Informationshandling entsteht. Machen Sie jedem in Ihrem Umfeld klar, dass hier wertvolle Arbeitszeit »gestohlen« wird.
4. Ansprechpartner ist jeder, von dem Sie Informationen erhalten. Lassen Sie Sperrlisten in Ihren E-Mail-Empfang einbauen, wenn Sie unter »Junk-Mails« zu leiden haben.
5. Nehmen Sie sich mehr Freiheit beim Wegwerfen. Die ganz wichtigen Themen kommen im Zweifelsfall ohnehin nochmals auf Ihren Tisch.

Zusammenfassung

Weil die Informationsmenge immer größer wird, müssen Unternehmen immer genauer analysieren, wer wann welche Informationen braucht. Wenn dies nicht regelmäßig geschieht, dann sinkt die Produktivität eines Unternehmens sehr schnell. Denn in der Zeit, in der die Mitarbeiter Informationen filtern, sortieren, verarbeiten, archivieren oder wegwerfen, bleibt die eigentliche Arbeit liegen. Besonders beim Thema E-Mail-Empfang sollte man sich immer die Frage stellen: »Was wäre passiert, wenn ich diese Mail nicht empfangen hätte?« Wenn Sie diese Frage mit »nichts« beantworten können, dann lassen Sie sich vom Verteiler streichen. Man geht davon aus, dass mehr als 30 E-Mails pro Tag die Effektivität eines »normalen« Arbeitsplatzes sehr stark beeinträchtigen.

Das Problembewusstsein wächst, wenn die Menge der unnötigen Daten visualisiert wird – deshalb die Sammlung über einen frei gewählten Überwachungszeitraum. Und wenn Sie die verlorene Zeit mit dem durchschnittlichen Stundensatz eines Mitarbeiters multiplizieren, dann werden selbst Hartnäckige einsichtig.

74

Unsere Abteilungen arbeiten nicht optimal zusammen

Um klar zu sehen, genügt oft der Wechsel
der Blickrichtung.

Das Problem

Das Wort beschreibt bereits das Problem recht genau. Abteilung: Ich teile ab. In vielen Unternehmen signalisieren unsichtbare Stacheldrahtzäune: »Das ist unser Gebiet, hier hat niemand etwas zu suchen.« Das ist eine Einstellung, die Sie nicht akzeptieren wollen. Denn Ihnen ist klar, dass sich heutzutage kein Unternehmen mehr Reibungsverluste zwischen zum Teil historisch gewachsenen Abteilungen leisten kann. Wie können Sie erreichen, dass das gegenseitige Abschotten von Abteilungen im Interesse des Unternehmens reduziert wird oder gar wegfällt?

Fragen, die Sie sich stellen sollten

1. Welche drei konkreten Probleme ergaben sich in letzter Zeit durch mangelnde Kommunikation zwischen den Abteilungen?
2. Was kann verbessert werden?
3. Wer müsste einbezogen werden?
4. Wie können wir konkrete Verbesserungsvorschläge entwickeln?
5. Welche Kosten können eingespart werden?

Tipps zu den Fragen

1. Gehen Sie davon aus, dass in Ihrem Umfeld das Problembewusstsein noch nicht so weit fortgeschritten ist wie bei Ihnen persönlich. Suchen Sie sich deshalb drei gravierende Problemfälle heraus, bei denen das Abstimmungsproblem für jeden deutlich sichtbar war. Nehmen Sie die Beispiele, die besonders schmerzhaft waren.

2. Zeigen Sie grafisch auf, wie die Informationsflüsse waren, an welchen Stellen welche Probleme auftraten und wie sich diese Probleme in Zukunft vermeiden lassen. Vermeiden Sie auf jeden Fall Schuldzuweisungen oder Hinweise auf eine weiter zurückliegende Vergangenheit. Beziehen Sie sich nur auf Fakten, nicht auf Personen oder Funktionen.

3. Prüfen Sie, ob das Problem direkt zwischen den Beteiligten gelöst werden kann oder übergeordnete Hilfe erforderlich ist. Überlegen Sie auch, ob es vielleicht sinnvoll ist, externe Hilfe einzuschalten. Häufig fällt es nämlich Außenstehenden leichter, Änderungen anzuregen und durchzuführen.

4. Nehmen Sie die unter Punkt 2 erstellten Unterlagen als Arbeitsgrundlage für kreative Sitzungen, in denen die Beteiligten in kleinen Arbeitsgruppen aus ihrer jeweiligen Sicht heraus Vorschläge für die Verbesserung erarbeiten. Dabei sollen auch die gegenseitigen Erwartungen ganz klar definiert werden. Hilfreich ist auch, Mitarbeiter abteilungsübergreifend für einige Zeit einzusetzen, um das Verständnis für unterschiedliche Betrachtungsweisen und Blickwinkel entwickeln zu lassen. Treffen Sie sich mit dem Leiter der betreffenden Abteilung öfter mal zum gemeinsamen Mittagessen. Sorgen Sie dafür, dass alle das übergeordnete Ziel erkennen: den zufriedenen Kunden, der das Gehalt jedes einzelnen Mitarbeiters finanziert.

5. Lassen Sie Zahlen sprechen. Setzen Sie alle Ihre Maßnahmen, so weit möglich und messbar, in konkrete Geldbeträge um. Das erleichtert die hausinterne Diskussion und verschafft Ihnen auch eher Freunde und Verbündete in der Geschäftsleitung und im Controlling.

Zusammenfassung

Lassen Sie sich bei Ihrer Arbeit nicht von historisch entstandenem Wildwuchs beeindrucken. Viele Unternehmen sind daran zu Grunde gegangen, dass sie nicht rechtzeitig verbesserte Formen der Zusammenarbeit entwickelt und auch zugelassen haben. Sie werden am Ende solcher Verbesserungsmaßnahmen fast immer die verblüffte Frage hören: »Warum haben wir das eigentlich nicht früher geändert?« Geben Sie nicht auf bei Ihrem Bemühen, Barrieren niederzureißen. Machen Sie Zweiflern und Skeptikern klar, dass es nicht um Positionen und Pfründe geht, sondern einzig und allein darum, schneller und effektiver zusammenarbeiten zu können. Werden die erforderlichen Änderungen nicht durchgesetzt, dann wird sich Ihr Wettbewerber zu Recht freuen.

75

Ich bin der Spezialist – deshalb kommen alle zu mir

Wer immer nur das tut, was er tut,
braucht sich nicht zu wundern,
dass er immer nur das tut,
was er bisher getan hat

Das Problem

Aus einer Fachposition heraus wurden Sie zur Führungskraft befördert. Ihr Fachwissen ist allgemein anerkannt, und Sie gelten als der absolute Spezialist für ein gewisses Thema. Schön für Sie, schlecht für Ihre Position. Denn während Sie früher dafür bezahlt wurden, Fachprobleme zu lösen, erhalten Sie Ihr Geld jetzt, um dafür zu sorgen, dass Ihre Abteilung »läuft«. Aus Gewohnheit kommen Ihre Kollegen allerdings immer wieder auf Sie zu mit der Bitte um Hilfe. Wie sollen Sie sich verhalten?

Fragen, die Sie sich stellen sollten

1. Wurde bei der Übernahme Ihrer neuen Stelle klar definiert, was Ihre neuen Aufgaben sind?
2. Wurde Ihren Mitarbeitern klar gemacht, was sich jetzt ändern wird?
3. Wer kann Ihre bisherige Aufgabe übernehmen?
4. Wo wollen Sie in drei Jahren stehen?
5. Was müssen Sie tun, um dieses Ziel zu erreichen?

Tipps zu den Fragen

1. Wenn bei Ihrem Stellenwechsel nicht gleichzeitig der neue Aufgabenbereich eindeutig definiert wurde, dann wird jeder zu Recht davon ausgehen, dass Sie als Spezialist weiterhin zur Verfügung stehen. Sorgen Sie dafür, dass hier klare Verhältnisse geschaffen werden. Zwingen Sie Ihren Vorgesetzten, eine realistische Aufgabenverteilung schriftlich festzulegen.
2. Wenn den Mitarbeitern nicht erläutert wurde, welche Änderungen sich durch Ihre Beförderung im Ablauf ergeben, dann werden Ihre Mitarbeiter logischerweise Sie weiterhin als den Ansprechpartner für Fachfragen sehen. Wenn der unter Punkt 1 definierte Schritt erfolgt ist, sollten alle Mitarbeiter von Ihrem Chef über die Neuverteilung der Aufgaben informiert werden.
3. Idealerweise wurde bereits vor Ihrer Beförderung festgelegt, wer bis wann Ihre Fachfunktion übernehmen wird. Ist dies noch nicht geschehen, so entwickeln Sie einen Stufenplan zusammen mit dem ausgewählten Mitarbeiter. In diesem Plan werden alle Lern- und Ausbildungsschritte aufgeführt (mit Zeitpunkten), die Ihr »Nachfolger« durchlaufen muss, um Sie zu ersetzen und zu entlasten.
4. Machen Sie sich Gedanken, welches Ziel Sie in drei Jahren beruflich erreicht haben möchten. Wenn Sie so weitermachen wie bisher, ist die Gefahr sehr groß, dass sie weder ein guter Fachmann bleiben noch eine gute Führungskraft werden.
5. Führen Sie die Schritte 1 bis 4 durch und achten Sie darauf, dass Sie Ihr Fachwissen an Ihre Mitarbeiter schnellstmöglich weitergeben und somit Ihre »alten« Aufgaben delegieren.

Zusammenfassung

Die geschilderte Situation tritt häufig in kleineren und mittelgroßen Unternehmen auf. Der Grund: keine konsequente Manpower- und Ressourcenplanung. Unter dieser Inkonsequenz leidet die Qualität der Führungskräfte und längerfristig betrachtet die Qualität des Unternehmens.

Anhang

Weiterführende Literatur

Barker, Alan: *30 Minuten bis zur effektiven Besprechung*. Offenbach, 1998. Gabal-Verlag.

Begemann, Petra: *Der große Business-Knigge. Was Sie heute im Berufsleben wissen müssen*. Frankfurt am Main, 2007. Eichborn.

Blanchard, Kenneth u. a.: *Das Minuten-Manager-Buch*. Reinbek, 2007. Rowohlt.

Bruce, Anne, Pepitone, James S.: *Mitarbeiter motivieren. Der Praxisratgeber für die neue Führungsposition*. Frankfurt/New York, 2001. Campus.

Conen, Horst: *Sei gut zu dir, wir brauchen dich. Vom besseren Umgang mit sich selbst*. Frankfurt/New York, 2005. Campus.

Correll, Werner: *Menschen durchschauen und richtig behandeln. Psychologie für Beruf und Familie*. München, 2007. mvg Verlag.

Covey, Stephen R.: *Die effektive Führungspersönlichkeit. Prinzipienorientiert managen*. Frankfurt/New York, 2008. Campus.

Dörner, Dietrich: *Die Logik des Misslingens. Strategisches Denken in komplexen Situationen*. Reinbek, 2003. Rowohlt.

Ellis, A.: *Training der Gefühle. Wie Sie sich hartnäckig weigern, unglücklich zu sein*. München, 2007. mvg Verlag.

Etrillard, Stéphane: *Erfolgreiche Rhetorik für gute Gespräche. 150 Fragen & Antworten zur souveränen Gesprächsführung in Beruf und Alltag*. Paderborn, 2007. Junfermann.

Etrillard, Stéphane: *Prinzip Souveränität. Als souveräne Persönlichkeit sicher handeln und entscheiden*. Paderborn, 2006. Junfermann.

Forsyth, Patrick: *30 Minuten bis zur überzeugenden Präsentation*. Offenbach, 1998. Gabal-Verlag.

Frank, Gunter: *Gesundheitscheck für Führungskräfte. Ihr persönlicher Weg zu mehr Leistungsfähigkeit jenseits aller Moden.* Frankfurt/New York, 2001. Campus.

Goldfuß, Jürgen W.: *Endlich Chef – was nun? Was Sie in der neuen Position wissen müssen.* Frankfurt/New York, 2006. Campus.

Goldfuß, Jürgen W.: *Erfolg durch professionelles Delegieren: So entlasten Sie sich selbst und fördern Ihre Mitarbeiter.* Frankfurt/New York, 2003. Campus.

Goldfuß, Jürgen W.: *Umsatzeinbruch oder Umsatzplus? Die schnelle Hilfe für Chefs und Mitdenker.* Schenkenzell, 2007. GFT Verlag.

Golemann, Daniel: *EQ 2: Der Erfolgsquotient.* München, 2000. dtv.

Heilbronner, Robert, Thurow, Lester C.: *Wirtschaft – das sollte man wissen.* Frankfurt/New York, 2004. Campus.

von Hertel, Anita: *Professionelle Konfliktlösung. Führen mit Mediationskompetenz.* Frankfurt/New York, 2008. Campus.

Koch, Richard: *Das 80/20-Prinzip. Mehr Erfolg mit weniger Aufwand.* Frankfurt/New York, 2008. Campus.

Lencioni, Patrick: Mein Traum Team: oder die Kunst, Menschen zu idealer Zusammenarbeit zu führen. Frankfurt/New York, 2008. Campus.

List, Karl-Heinz: *Das zeitgemäße Arbeitszeugnis. Ein Handbuch für Zeugnisaussteller.* Nürnberg, 2008. BW Bildung und Wissen Verlag.

Lürssen, Jürgen: Die *heimlichen Spielregeln der Karriere: Wie Sie die ungeschriebenen Gesetze am Arbeitsplatz für Ihren Erfolg nutzen.* Frankfurt/New York, 2001. Campus.

Malik, Fredmund: *Führen, Leisten, Leben. Wirksames Management für eine neue Zeit.* Frankfurt/New York, 2006. Campus.

Märtin, Doris: *Smart Talk. Sag es richtig!* Frankfurt/New York, 2006. Campus.

Miedaner, Talane: *Coach dich selbst, sonst coacht dich keiner. 101 Tipps zur Verwirklichung Ihrer beruflichen und privaten Ziele.* München, 2005. mvg Verlag.

Mühlisch, Sabine: *Fragen der KörperSprache. Antworten zur non-verbalen Kommunikation.* Paderborn, 2007. Junfermann.

Nöllke, Matthias,Fischer, Jürgen: *Schlagfertigkeit – die 100 besten Tipps.* Freiburg, 2007. Haufe.

Schwarz, Gerhard: *Konfliktmanagement. Konflikte erkennen, analysieren, lösen.* Wiesbaden, 2005. Gabler.

Scott, Martin: *Zeitgewinn durch Selbstmanagement. So kriegen Sie Ihre neuen Aufgaben in den Griff.* Frankfurt/New York, 2001. Campus.

Seiwert, Lothar J., Gay, Friedbert: *Das neue 1x1 der Persönlichkeit.* München, 2004. Gräfe und Unzer.

Seiwert, Lothar J.: *Das neue 1x1 des Zeitmanagement.* München, 2007. Gräfe und Unzer.

Seiwert, Lothar J.: *Wenn du es eilig hast, gehe langsam. Mehr Zeit in einer beschleunigten Welt.* Frankfurt/New York, 2008. Campus.

Sprenger, Reinhard K.: *Aufstand des Individuums. Warum wir Führung komplett neu denken müssen.* Frankfurt/New York, 2000. Campus.

Sprenger, Reinhard K.: *Das Prinzip Selbstverantwortung. Wege zur Motivation.* Frankfurt/New York, 2007. Campus.

Sprenger, Reinhard K.: *Die Entscheidung liegt bei Dir! Wege aus der alltäglichen Unzufriedenheit.* Frankfurt/New York, 2004. Campus.

Sprenger, Reinhard K.: *Mythos Motivation. Wege aus einer Sackgasse.* Frankfurt/New York, 2007. Campus.

Sprenger, Reinhard K.: *Vertrauen führt. Worauf es im Unternehmen wirklich ankommt.* Frankfurt/New York, 2007. Campus.

Tierney, Elizabeth: *30 Minuten für erfolgreiche Kommunikation.* Offenbach, 1998. Gabal-Verlag.

Titze, Michael, Eschenröder, Christof T.: *Therapeutischer Humor. Grundlagen und Anwendungen.* Frankfurt am Main, 2007. Fischer Taschenbuch.

Titze, Michael, Patsch, Inge: *Die Humorstrategie. Auf verblüffende Art Konflikte lösen.* München, 2007. Kösel.

Wahren, Heinz-Kurt: *Erfolgsfaktor KVP: Mitarbeiter in Prozesse kontinuierlicher Verbesserung integrieren.* München, 1998. C. H. Beck.

Zelazny, Gene: *Das Präsentationsbuch.* Frankfurt/New York, 2009. Campus.

Hilfreiche Internet-Adressen

www.4managers.de
www.betriebsart.com
www.bma.de
www.business-wissen.de
www.em-media.de/sizuko.htm
www.focus.de/D/DB/db.htm
www.infoquelle.de
www.jobware.de/ra/bk/index/html
www.meeting-cube.com
www.symposium.de/verguetung
www.themamanagement.de
www.wissensmanagement.net
www.xing.de

Seminare

Jürgen W. Goldfuß ist Premium-Mitglied im Qualitäts-Netzwerk *Erfolgsgemeinschaft.com* von Joachim Klein, in das nur ausgewählte und besonders qualifizierte Experten Zugang erhalten. Während der Autor selbst Seminare zu den Themen »Führung«, »Delegieren« und »Motivation« anbietet (www.goldfuss.com), sind in diesem Netzwerk weitere Experten mit den verschiedensten Schwerpunkten zu finden. Im Folgenden finden Sie eine kleine Auswahl von zehn Experten.

Experte für	Referent	Homepage
Stimme	Arno Fischbacher	www.arno-fischbacher.com
Projektteams	Dr. Markus Blaschka	www.drblaschka-consulting.de
Präsentation	Christine Riedelsberger	www.praesenz-profil.de
Charisma	Dr. Matthias Braun	www.drbraun-mentalcoach.de
Stressbewältigung	Horst Conen	www.horstconen.de
Souveränität	Stéphane Etrillard	www.etrillard.com
Service	Sabine Hübner	www.sabinehuebner.de
Frauen und Karriere	Sabine Samel	www.silkesamel.de
Werte	Dr. Boris Springer	www.dr-springer-training.de
Gesunde Ernährung	Susanne Wendel	www.foodtrainer.de

Register